TEUBNERS TECHNISCHE LEITFÄDEN

Die Leitfäden wollen zunächst dem Studierenden, dann aber auch dem Praktiker in knapper, wissenschaftlich einwandfreier und zugleich übersichtlicher Form das Wesentliche des Tatsachenmaterials an die Hand geben, das die Grundlage seiner theoretischen Ausbildung und praktischen Tätigkeit bildet. Sie wollen ihm diese erleichtern und ihm die Anschaffung umfänglicher und kostspieliger Handbücher ersparen. Auf klare Gliederung des Stoffes auch in der äußeren Form der Anordnung wie auf seine Veranschaulichung durch einwandfrei ausgeführte Zeichnungen wird besonderer Wert gelegt. — Die einzelnen Bände der Sammlung, für die vom Verlag die ersten Vertreter der verschiedenen Fachgebiete gewonnen werden konnten, erscheinen in rascher Folge.

Bisher sind erschienen bzw. unter der Presse:

Analytische Geometrie. Von Geh. Hofrat Dr. R. Fricke, Prof. a. d. Techn. Hochschule zu Braunschweig. 2. Aufl. Mit 96 Figuren. [VI u. 135 S.] M. 1.80. (Bd. 1.)

Darstellende Geometrie. Von Dr. M. Großmann, Professor an der Eidgenössischen Technischen Hochschule zu Zürich. Band I. 2., durchges. Aufl. Mit 134 Fig. u. 100 Übungsaufg. i. Text. [IV u. 81 S.] 1922. Kart. M. 1.30. (Bd. 2.). Band II. 2., umgeänd. Aufl. Mit 144 Fig. [VI u. 154 S.] 1921. Kart. M. 2.—. (Bd. 3.)

Differential- und Integralrechnung. Von Dr. L. Bieberbach, Professor an der Universität Berlin. I. Differentialrechnung. 2., verb. Aufl. Mit 34 Fig. [IV u. 131 S.] 1922. Steif geh. M. 2.20. II. Integralrechnung. 2. verb. u. verm. Aufl. Mit 25 Fig. [IV u. 152 S.] 1923. (Bd. 4/5.)

Funktionentheorie. Von Dr. L. Bieberbach, Professor an der Universität Berlin. Mit 34 Fig. [118 S.] 1922. Kart. M. 1.60. (Bd. 14.)

Einführung in die Vektoranalysis mit Anwendung auf die mathematische Physik. Von Prof. Dr. R. Gans, Direktor des physikalischen Instituts in La Plata. 4. Aufl. Mit 39 Fig. [VI u. 118 S.] 1921. (Bd. 16.) Geb. M. 2.—

Praktische Astronomie. Geographische Orts- und Zeitbestimmung. Von V. Theimer, Adjunkt an der Montanistischen Hochschule zu Leoben. Mit 62 Fig. [IV u. 127 S.] 1921. Kart. M. 1.70. (Bd. 13.)

Feldbuch für geodätische Praktika. Nebst Zusammenstellung der wichtigsten Methoden und Regeln sowie ausgeführten Musterbeispielen. Von Dr.-Ing. O. Israel, Prof. an der Techn. Hochschule in Dresden. Mit 46 Fig. [IV u. 160 S.] 1920. Kart. M. 2.10. (Bd. 11.)

Ausgleichsrechnung nach der Methode der kleinsten Quadrate in ihrer Anwendung auf Physik, Maschinenbau, Elektrotechnik und Geodäsie. Von Ingenieur V. Happach, Charlottenburg. Mit 7 Fig. [IV u. 74 S.] 1923. Kart. M. 1.50. (Bd. 18.)

Grundzüge der Festigkeitslehre. Von Geh. Hofrat Dr. Dr.-Ing. A. Föppl, Prof. a. d. Techn. Hochschule in München u. Dr.-Ing. O. Föppl, Prof. a. d. Techn. Hochschule zu Braunschweig. Mit 141 Abb. im Text u. a. 1 Tafel. [IV u. 290 S.] 1923. Geb. M. 12.— (Bd. 17.)

Grundriß der Hydraulik. Von Hofrat Dr. Ph. Forchheimer, Professor an der Technischen Hochschule in Wien. Mit 114 Fig. i. Text. [V u. 118 S.] 1920. Kart. M. 1.70. (Bd. 8.)

VERLAG VON B. G. TEUBNER IN LEIPZIG UND BERLIN

TEUBNERS TECHNISCHE LEITFÄDEN
BAND 19

EISENBETONBAU

VON

H. KAYSER
PROFESSOR AN DER TECHNISCHEN HOCHSCHULE
DARMSTADT

MIT 209 ABBILDUNGEN IM TEXT

Springer Fachmedien Wiesbaden GmbH 1923

Vorwort.

Der Leitfaden „Eisenbetonbau“ soll in die B. G. Teubnersche Sammlung der Leitfäden für den mathematischen und technischen Hochschulunterricht eingegliedert werden und ist demnach den Grundsätzen angepaßt, welche für die Herausgabe der Sammlung maßgebend waren. Er soll den Studierenden in knapper, wissenschaftlich einwandfreier und zugleich übersichtlicher Form das Wesentliche des Tatsachenmaterials geben, wie es in den Vorlesungen vorgetragen wird. Der Leitfaden soll dem Studierenden das Verständnis der Vorlesungen und die Vorbereitung zu den Prüfungen erleichtern und bei dem leider meist vorliegenden Mangel an Zeit die Durcharbeitung umfangreicher und kostspieliger Handbücher vermeiden. Diejenigen, die Eisenbetonbau als Sonderstudium wählen, werden an geeigneten Stellen auf das in Betracht kommende Schrifttum dieser Bauweise verwiesen und finden dadurch Anhalt und Richtung für ihr weiteres Studium. Dem beschränkten Umfange des Leitfadens entsprechend mußte alles nicht unbedingt Notwendige aus dem umfangreichen Stoffgebiete fortgelassen werden. Insbesondere konnten die außerordentlich vielfältigen praktischen Anwendungsformen nicht in der Ausführlichkeit behandelt werden, wie es in umfangreichen Handbüchern der Fall ist. Trotzdem glaubt der Verfasser, daß der Leitfaden in der vorliegenden Form seinen Zweck erfüllt und zur Einführung in diese Bauweise gute Dienste leisten und das Verständnis für dieselbe bei Studierenden und sonstigen Interessenten fördern wird.

Darmstadt, im März 1923.

Prof. H. Kayser.

ISBN 978-3-663-15465-5 ISBN 978-3-663-16036-6 (eBook)
DOI 10.1007/978-3-663-16036-6

URSPRÜNGLICH ERSCHIENEN BEI B. G. TEUBNER IN LEIPZIG 1923.

Inhaltsverzeichnis.

Der Eisenbetonbau.

I. Das Material.

1. Allgemeines.

A. Geschichtliche Angaben. Der Eisenbeton ist ein verhältnismäßig neuer Baustoff; seine zielbewußte Einführung in das Bauwesen fand in den Jahren 1890—1900 statt. Unbewußt hat man aber schon um die Mitte des vorigen Jahrhunderts den Eisenbeton bei Ausführung von Kunststeinen zur Anwendung gebracht. Man beabsichtigte dabei weniger die Festigkeit dieser Kunststeine zu erhöhen, als durch die eingelegten Eisenstäbe den Formen eine größere Haltbarkeit zu geben. Um die gleiche Zeit beschreibt auch bereits ein Amerikaner Hyatt eine größere Anzahl Bauteile, die durch Einlage von Eisen in Beton gekennzeichnet sind.

1855 nahm der Franzose Lambot ein Patent auf Schiffsplanken aus Eisenbeton. Derselbe beschreibt ferner im Jahre 1861 in seinem Buche eine größere Anzahl Konstruktionen aus Eisenbeton.

Diese ersten Konstrukteure hatten wohl nur eine dunkle Vorstellung von der Wirkungsweise des Eisens im Beton. Sie stützten sich bei ihren Anwendungen auf Erfahrungswerte. Das gleiche tat auch der Franzose Monier, dem vielfach die Erfindung dieser Bauweise zugeschrieben wird. Monier war Gärtner von Beruf und hatte als solcher mit Blumenkübeln zu tun. Die Holzkübel, die er bislang verwandte, wünschte er durch leichtere zu ersetzen. Er verwendete zu dem Zwecke Eisendrahtnetze, welche er auf beiden Seiten mit einer Betonschicht umkleidete. Die dadurch erhaltenen Kübel hatten bei erhöhter Festigkeit ein geringes Gewicht. Monier ließ sich seine Erfindung 1867 patentieren. Im gleichen Jahre fand eine Weltausstellung in Paris statt, auf der sowohl Monier als auch ein anderer Franzose Coignet eine größere Anzahl von Konstruktionsteilen aus Eisenbeton zur Ausstellung brachten. Es wurden Träger, Gewölbe, Röhren u. a. in Eisenbeton gezeigt. Trotzdem fand in den nächsten Jahren die Erfindung nur so geringe Anwendung, daß Monier nicht einmal seine Patentkosten bezahlen konnte. Die Patente verfielen daher im Jahre 1876. Hierdurch ließ sich aber Monier von der weiteren Anwendung und Verfolgung des Gedankens nicht abschrecken. Er nahm im Jahre 1877 und 1878 neue Patente, welche den Ausgangspunkt für die weitere Entwicklung des Eisenbetonbaues in Frankreich, Deutschland und anderen Ländern bilden sollten, und es kann aus dem Grunde Monier als derjenige bezeichnet werden, der die Eisenbetonkonstruktionen in die Praxis eingeführt hat.

In Deutschland setzte die Entwicklung des Eisenbetons wesentlich später ein. Im Jahre 1884 erwarb der spätere Inhaber der Firma Wayß und Freytag in Neustadt a. d. Haardt, Kommerzienrat Freytag, die Monierschen Patente und zwar zusammen mit der Firma Martenstein und Josseaux in Offenbach a. M.

Freytag war aber so wenig Ingenieur wie Monier. Doch erkannte er das Wesen und die Bedeutung der Bauweise und wandte beträchtliche Mittel auf, um durch weitere Versuche die Wirkungsweise zu klären und die Grundlage für eine ausgedehntere Anwendung zu schaffen. In Norddeutschland beschäftigte sich der Ingenieur Wayß in Berlin erfolgreich mit der Einführung des Eisenbetonbaues. Das Verdienst von Wayß ist es, daß er durch groß angelegte Versuche das Vertrauen der Behörden und der Ingenieurkreise zu dem neuen Baustoff mit Erfolg zu stärken suchte.

Die ersten theoretischen Arbeiten über die Wirkung der Eiseneinlagen im Beton stammen von Regierungsbaumeister Koenen in Berlin (1886); diese sind für die weiteren theoretischen Forschungen als Ausgangspunkt zu betrachten. Koenen wies darauf hin, daß die Wirkung des Eisens im Beton im wesentlichen darauf beruhe, daß dasselbe die Zugspannungen aufnehme und daß es daher dorthin zu legen sei, wo in dem Bauteil Zugspannungen zu erwarten wären.

Daß dieser Hinweis, der unseren heutigen Ingenieuren selbstverständlich erscheint, damals von größter Bedeutung war, geht daraus hervor, daß vielfach die Eiseneinlagen in der Mitte der Platten oder Träger verlegt wurden, wo keinerlei Spannungen zu erwarten waren. Monier bezeichnete sogar die Eiseneinlagen am unteren Rande als falsch.

In Deutschland ging die Einführung des Eisenbetonbaues in der folgenden Zeit nur langsam vorwärts. Ein etwas schnellerer Fortschritt wurde durch die Arbeiten von Hennebique in Frankreich erzielt. Hennebique führte wohl als erster monolithische Bauten aus, in denen er außer den Platten und Balken auch Säulen und Fundamente aus Eisenbeton herstellte. Auch die Anwendung von Rammpfählen in größerem Umfange ist auf Hennebique zurückzuführen. Er hatte auch bereits die Wichtigkeit der Schubarmierung und die Wirkungsweise der eingelegten Bügel erkannt.

In England und Amerika nahm die Entwicklung des Betonbaues einen etwas anderen Gang und zwar hauptsächlich durch die Arbeiten von Melan, der vorschlug, statt der Eiseneinlagen aus Rund- oder Flacheisen starre Eisenkonstruktionen zu verwenden. Die Anwendung von tragfähigen Eiseneinlagen hat für die Bauausführung mancherlei Vorteile. Das Melansche Verfahren hat sich in England und Amerika einer weiten Verbreitung zu erfreuen gehabt.

Infolge wissenschaftlicher Forschungen, die von Koenen eingeleitet wurden, nahm die Verbreitung des E. B. seit 1887 einen schnelleren Fortgang. In den Jahren 1890 bis 1900 hat sich der Eisenbeton fast alle Baugebiete erobert. Es gibt, abgesehen von ganz großen Konstruktionen und Brücken größter Spannweite, kaum ein einziges Baugebiet mehr, dessen Ausführung man in Eisenbeton nicht versucht hätte.

Ein besonderes Verdienst um die Entwicklung des Eisenbetonbaues hat sich der *Deutsche Betonverein* erworben. Er hat, in Verbindung mit Staatsbehörden, durch Bereitstellung von Mitteln dafür gesorgt, daß durch umfangreiche Versuche die neue Bauweise gefördert und in die Praxis eingeführt wurde. Mit dem Betonverein zusammen trugen die Untersuchungen der Materialprüfungsanstalten und andere wissenschaftliche Forschungen zur weiteren Verbreitung der Bauweise bei. Im Jahre 1906 wurde auf Veranlassung des Deutschen Betonvereins und in engstem Zusammenarbeiten dieses Vereins mit Staats- und städtischen Behörden und wissenschaftlichen Körperschaften der *Deutsche Ausschuß für Eisenbeton* ins Leben gerufen, dem große Mittel zur Verfügung gestellt wurden, um weitere Versuche systematisch durchzuführen. Dieser Aufgabe ist der Deutsche Ausschuß gerecht geworden und hat seit seinem Bestehen eine umfangreiche Literatur herausgegeben, die in mustergültiger Weise die Ergebnisse dieser Versuche, die zum großen Teil in den Materialprüfungsanstalten der technischen Hochschulen durchgeführt worden sind, zusammenfaßt. Einen gewissen Abschluß seiner Arbeiten bilden die im Jahre 1916 eingeführten „Bestimmungen für Ausführung von Bauwerken aus Beton und Eisenbeton". Außer diesen „Bestimmungen" bestehen noch eine Anzahl anderer amtlicher Vorschriften, welche für die Konstruktion und Berechnung der Eisenbetonbauten maßgebend sind.

Für die Berechnung von Brückenbauten kommen die „Vorläufigen Bestimmungen für das Entwerfen und die Ausführung von Bauten in Eisenbeton" in Betracht, welche zwar zunächst nur für den Bezirk der Eisenbahndirektion Berlin am 16. Februar 1906 erlassen sind, aber bei der weitgehenden Vereinheitlichung unseres Bahnnetzes für fast sämtliche Eisenbahnbrückenbauten in Geltung getreten sind. In Ergänzung dieser Vorschriften sind für die Beurteilung des Zementes maßgebend „Die Deutschen Normen für einheitliche Lieferung und Prüfung von Portland-Zement vom Dezember 1909."

Die weitgehende Verbreitung, die der Eisenbetonbau gefunden hat, ist nicht allein auf wirtschaftliche Vorteile, sondern auch, wie das naturgemäß ist, auf seine hervorragenden technischen Eigenschaften zurückzuführen.

B. Allgemeine Eigenschaften. Unter *Eisenbeton* versteht man einen Baustoff, der durch die Vereinigung von *Beton* und *Eisen* entsteht und der bei zweckentsprechender *Verteilung* des Eisens im Beton Eigenschaften aufweist, die der Beton und das Eisen für sich allein *nicht* haben.

Der Beton ist ein Baumaterial, welches nach genügender Erhärtungsdauer eine *hohe Druckfestigkeit* bei verhältnismäßig *geringer Zugfestigkeit* besitzt. Reine Betonkonstruktionen sollen daher im allgemeinen weder auf Zug noch auf Biegung beansprucht werden, da die Zugspannungen durch den Beton nicht aufgenommen werden können.

Wenn man dagegen in den Beton dort, wo nach der Eigenart der Konstruktion Zugspannungen auftreten, Eisen einlegt und zwar als Rundeisen, Flacheisen oder quadratische Eisen, so zeigt es sich, daß die Tragkraft dieses *Verbundkörpers* eine wesentlich höhere geworden ist, daß insbesondere die Zugspannungen nunmehr durch die Eiseneinlage aufgenommen werden.

Die Vorteile des neuen Baumaterials sind hervorragend und haben bewirkt, daß der Eisenbeton im Bauwesen eine ungewöhnlich schnelle und umfangreiche Verwendung gefunden hat. Seine wesentlichen **Vorzüge** sind folgende:

1. *Leichte Formgebung*, welche es ermöglicht, den Eisenbetonbau den jeweiligen Anforderungen in ästhetischer und konstruktiver Hinsicht anzupassen. 2. *Massenwirkung der Konstruktion*, welche in glücklicher Weise zwischen dem Massivbau und den leichten Formen des Eisenbaues vermittelt. 3. *Leichtigkeit der Bauausführung* ohne große Betriebs- und Werkstatteinrichtungen. 4. *Geringe Unterhaltungskosten.* Der das Eisen umschließende Beton schützt bei sachgemäßer Ausführung das Eisen vor Rosten, wodurch die Unterhaltungskosten für den Anstrich des Eisens, die

bei Eisenkonstruktionen besonders hoch sind, in Wegfall kommen. 5. *Feuersicherheit.* Eisenbetonkonstruktionen können als nahezu feuersicher gelten. Sie zeichnen sich dadurch besonders gegenüber den Holz- und Eisenkonstruktionen aus. 6. *Geringe Kosten* und *schnelle Bauausführung.* Sämtliche Arbeiten des Rohbaues können in die Hand eines Unternehmers gelegt werden. Dadurch werden bei der Ausführung mancherlei Vorteile erreicht, besonders da der eine Unternehmer nicht auf Lieferungen anderer Unternehmer zu warten braucht, und da leichter Umstellungen des Arbeitsplanes vorgenommen werden können.

Durch die „*monolithische*" d. h. räumlich verbundene Wirkung der Einzelteile eines zusammengesetzten Eisenbetonbaues wird eine *erhöhte Standfestigkeit* bedingt, welche in Gegenden mit Bergwerksbetrieb oder mit häufigen Erdbeben von besonderem Wert sein kann.

Diesen bedeutenden Vorteilen stehen auch **Nachteile** gegenüber, welche man bei sachlicher Beurteilung des Eisenbetonbaues nicht verschweigen darf.

1. Da die Bauten in Eisenbeton mit verhältnismäßig geringen Betriebsmitteln auszuführen sind, haben sich auch kleine Unternehmer dieser Bauart zugewandt, welche weder über genügend theoretisch vorgebildete Ingenieure noch über praktisch erfahrene Vorarbeiter verfügen. Dadurch wurden, namentlich in der Entwicklungszeit der neuen Bauweise, als die Erfahrungen noch nicht in dem heutigen Umfange vorlagen, mancherlei Mißerfolge erzielt.

2. Das Zusammenwirken der beiden Baumaterialien, des Betons und des Eisens, verlangt, daß bei der Bauausführung die *peinlichste Sorgfalt* beobachtet wird und daß sämtliche Eisen dorthin und in solchen Abmessungen verlegt werden, wie es den Berechnungen und der Konstruktion entspricht. Da nach der Fertigstellung eine Nachprüfung der richtigen Lage und Menge der Eisen nicht mehr möglich ist, so ist es erforderlich. während des Baues die schärfste Überwachung zu üben.

3. Verstärkungen und Abänderungen vorhandener Eisenbetonbauten sind wegen des monolithischen Gefüges nur mit beträchtlichen Schwierigkeiten möglich. Während man im Eisenbau die eisernen Träger oder im Holzbau die hölzernen Balken leicht beseitigen, verlegen oder verstärken kann, ist dies im Eisenbetonbau nicht in gleichem Maße der Fall.

4. Der *Abbruchswert* von Eisenbetonbauten ist *gering.* Es entstehen sogar vielfach höhere Kosten durch den Abbruch, als der Wert des gewonnenen Materials beträgt! Bei Eisen-, Holz- oder Mauerwerksbauten steht immer noch ein gewisser Wert des Altmaterials den Abbruchskosten gegenüber. Die Kosten der Abbruchsarbeiten an Eisenbetonbauten sind allerdings in neuerer Zeit nicht mehr so hoch wie früher; infolge der Schaffung geeig-

neter Arbeitsweisen, der Verwendung von Preßluftmeißeln zum Zerlegen des Betons und von autogenen Schneidwerkzeugen zum Durchschneiden des Eisens und anderer Mittel mehr ist es gelungen, die Kosten des Abbruchs wesentlich herabzumindern.

Die grundlegenden **Eigenschaften** sind folgende:

1. Der Beton *schützt* das umhüllte Eisen nahezu vollkommen *gegen Rostbildung* und bietet großen Schutz gegen Feuer. Hierfür ist eine sachgemäße Ausführung, insbesondere eine genügende Überdeckung der Eisen und die Verhinderung größerer Risse erforderlich.

2. Die *Haftung* des im Beton eingebetteten Eisens ist sehr *beträchtlich*. Wenn man in frischen Beton einen Eisenstab lose hineinsteckt und dann den Beton erhärten läßt, so ist es nach der Erhärtung nicht mehr möglich, ohne bedeutenden Kraftaufwand den Eisenstab herauszuziehen. Die Haftfestigkeit beträgt ungefähr 35—40 kg/cm² der Umfangsfläche.

Die Frage, wie tief man einen Eisenstab in einen Betonwürfel hineinstecken muß, damit die Haftfestigkeit gleich der Zugfestigkeit

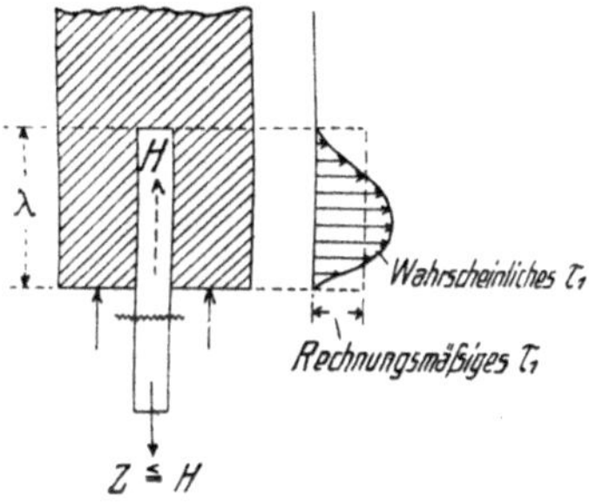

Abb. 1.
Haftfestigkeit des Betons am Eisen.

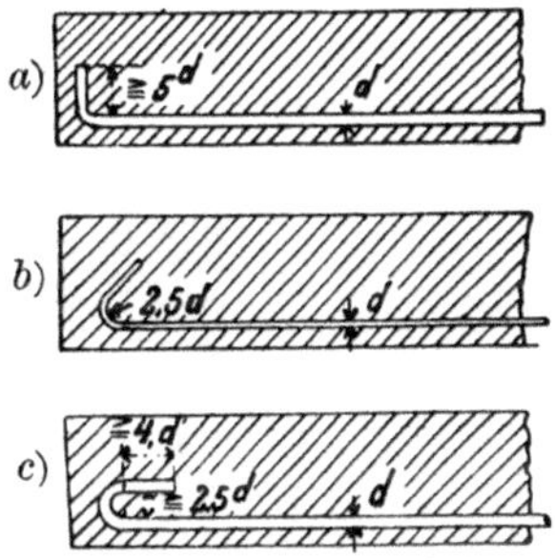

Abb. 2. Anordnung der Haken.
a) Winkelhaken, *b*) Spitzhaken,
c) Rundhaken

des Eisens ist, wird durch die folgenden Versuchsergebnisse beantwortet. (Abb. 1.)

Den Versuchen lagen Eisenstäbe mit einer Festigkeit von 3600 kg/cm² zugrunde. Es fanden sich für die Länge λ folgende Werte:

Rundeisen ø 10 mm . . . $\lambda = 20$ cm
„ ø 20 mm . . . $\lambda = 52$ cm
„ ø 30 mm . . . $\lambda = 78$ cm.

Die Haftung des einbetonierten Eisens wird in der Praxis dadurch noch vergrößert, daß man die Enden der Eisen umbiegt. (Abb. 2.) Je nach der Form der Biegung unterscheidet man *Winkelhaken, Spitzhaken* und *Rundhaken.*

3. Der *Temperaturausdehnungskoeffizient* von Beton und Eisen ist *nahezu gleich.* Er beträgt für ein Grad Celsius

bei Stabeisen $\varepsilon = 0{,}00001235$
bei Beton $\varepsilon = 0{,}00001370$
(nach den „Bestimmungen“ abgekürzt $\varepsilon = 0{,}00001$).

Die Eigenschaft der gleichen Ausdehnungsfähigkeit von Eisen und Beton bei Erwärmung ist besonders wichtig, denn auf ihr beruht allein der dauernde Bestand des Verbundes dieser Bauweise.

4. Eine weitere günstige Eigenschaft ist das *geringe Wärmeleitungsvermögen* des Betons. Infolgedessen wird die Temperaturerhöhung eines Eisenbetonbauteils, namentlich bei größeren Abmessungen desselben, geringer bleiben, als die der umgebenden Luft. Das gleiche günstige Verhalten tritt bei Abkühlung ein, denn der Beton hält die Wärme verhältnismäßig lange fest.

2. Grundformen des Eisenbetons.

Bei allen Eisenbetonkonstruktionen ist an dem Grundsatz festzuhalten, daß der Beton die Druckspannungen und das Eisen die Zugspannungen aufzunehmen hat. Außerdem dient das Eisen dazu, bei der Übertragung der Scherspannungen mitzuwirken.

A. Platten. Gemäß der Spannungsverteilung der auf Biegung beanspruchten Platten muß das Eisen an der unteren Seite der Platte liegen (Abb. 3).

Die unteren Eisen bezeichnen wir als *Trageisen*, die senkrecht darüber liegenden Eisen als *Verteilungseisen*. Die Verteilungseisen

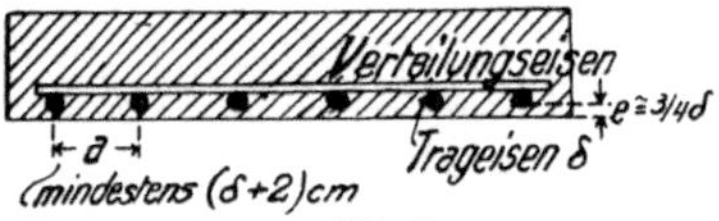

Abb. 3.
Platte.

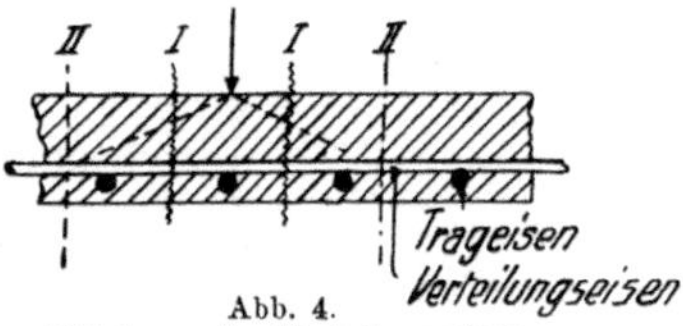

Abb. 4.
Wirkung der Verteilungseisen.

sollen die Trageisen in ihrer richtigen gegenseitigen Lage festhalten und eine gewisse Verteilung der Last auf mehrere Trageisen bewirken.

An den Kreuzungsstellen werden die Eisen durch *Bindedrähte* von 1—2 mm Stärke verbunden. Ist die Gesamtstärke der Platte h, die Höhe von Oberkante bis zum Schwerpunkt der Eisen h' und die Stützweite l, so wähle man mit Rücksicht auf die Durchbiegung die Größe $h' \geqq \frac{1}{27} l$ (vgl. die Bestimmungen § 16, Nr. 10).

Der *Abstand* der 1—5 cm starken Tragstäbe beträgt meist 5—20 cm. Nach den Bestimmungen § 16, Nr. 12 darf jedoch in der Gegend der größten Momente der Eisenabstand 15 cm nicht überschreiten. Der Abstand der Verteilungseisen ist etwa 2—3 mal so groß, ihr Durchmesser beträgt 0,5—2 cm.

Wichtig für die Haltbarkeit der Konstruktion ist der Abstand e der Eisen vom äußeren Rande des Betons. Derselbe soll nach den Bestimmungen § 9, Nr. 7 bei Platten $= 1$ cm sein. Es dürfte jedoch zweckmäßig sein, denselben in Abhängigkeit von dem Durchmesser der Eisen, etwa gleich diesem, zu wählen.

B. Balken. Die Momentenlinie des in der Abb. 5 dargestellten und durch senkrechte Lasten beanspruchten Balkens weist negative und positive Flächen auf. Wo positive Momente auftreten, sind die Trageisen auf der Unterseite, und wo negative Momente vorhanden sind, am oberen Rande des Balkens zu verlegen. Daraus folgt, daß die Trageisen die in Abb. 5 angegebene Form erhalten müssen.

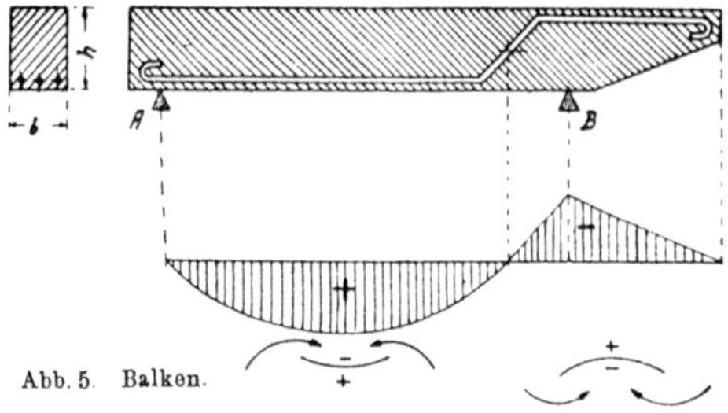

Abb. 5. Balken.

Wo die Nullpunkte sind, gehen die Eisen von dem unteren nach dem oberen Rande, in der Regel unter 45⁰ über. Reicht die Balkenbreite zur Verlegung der Trageisen in einer Lage nicht aus, so ordnet man 2 Lagen übereinander, getrennt durch eine Anzahl zwischengelegter Eisenstäbe an. Die Entfernung dieser Zwischenstäbe richtet sich nach dem Durchmesser der Trageisen.

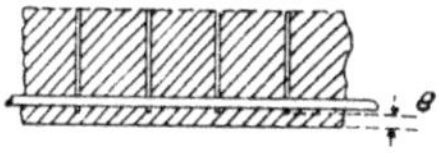
Abb. 6. Anordnung der Bügel.

Bei den Balken benötigt man noch andere Konstruktionselemente in Eisen: es sind dies die *Bügel* und die *Montageeisen.* Die *Bügel* werden aus Rundeisen von 5 mm bis 1 cm Stärke hergestellt, umfassen die Zugeisen und reichen, meist senkrecht stehend, bis zum Druckrand hinauf. Die Bügel dienen außer zu Montagezwecken und zur Verankerung der Zug- und Druckzone hauptsächlich zur Aufnahme der *Querkräfte* und *Schubspannungen*; sie liegen daher dort am engsten, wo die Querkräfte am größten sind. Ihre Entfernung beträgt meist 5—20 cm. Die Bügelentfernung soll in der Regel kleiner sein als die kleinste Abmessung des Balkenquerschnittes. Die *Überdeckung* der Bügel mit Beton soll mindestens 1,5 cm, im Freien 2 cm betragen. (Bestimmungen § 9, Nr. 7.) Wenn man diese Regel streng beachtet, ist der Schutz der Eisen gegen Rosten in den meisten Fällen ausreichend. Um den Bügeln bei der Ausführung einen Halt zu geben und um die Eiseneinlagen in der richtigen Höhenlage beim Betonieren festzuhalten, werden am oberen Rande den Trageisen parallel laufende Eisen *(Montageeisen)* angeordnet. Diese erhalten, wenn ihnen keine konstruktive Bedeutung zugemessen wird, Durchmesser von 1,0 bis 1,5 cm.

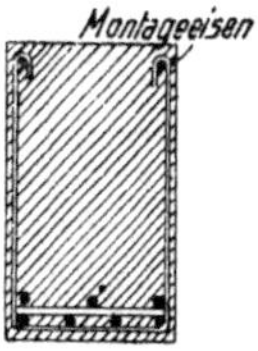

Abb. 7. Balkenquerschnitt mit Montageeisen.

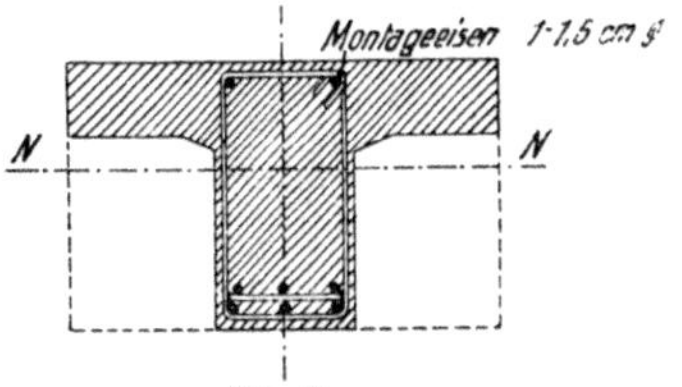

Abb. 8. Plattenbalken.

a) *Plattenbalken.* Ein dem Eisenbeton eigener Bauteil ist der Plattenbalken. Er ist aus der Platte dadurch entstanden, daß man auf der Zugseite den für die Tragfähigkeit nicht nötigen Beton fortließ und die Eisen in Gruppen zusammenfaßte. Auf diese Weise erhält man den Plattenbalken (Abb. 8), welcher aus der Platte und der Rippe besteht. Die Platte dient zur Aufnahme der Druckspannungen, die Rippe zur Unterbringung und zum Schutz der Zugeisen.

b) *Beiderseits eingespannte Balken.* Wenn der Balken durch irgendwelche Maßnahmen beiderseits eingespannt ist, so ist bei senkrechter Belastung der Verlauf der Momentenlinie wie in Abb. 9 dargestellt.

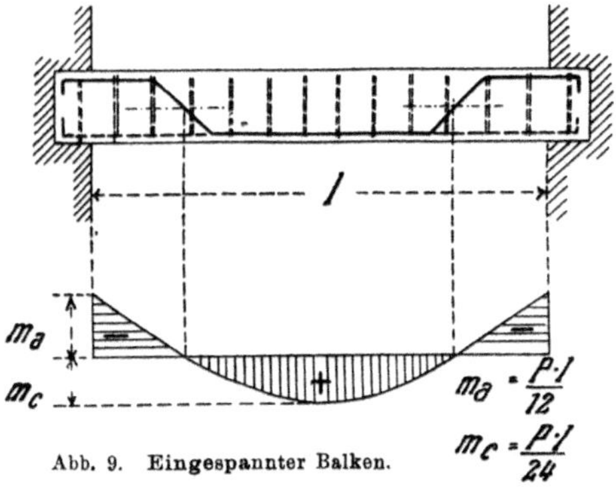

Abb. 9. Eingespannter Balken.

Entsprechend dem Momentenverlaufe treten Zugspannungen in Balkenmitte am unteren Rande und an den Balkenenden am oberen Rande auf. Demnach müssen die Eisen in Balkenmitte am unteren Rande und an den Balkenenden am oberen Rande verlegt werden. Die Abbiegung der Eisen erfolgt an den Nullpunkten der Momentenlinie. Auch hier werden zur Aufnahme der Schubkräfte Bügel angebracht. Da die negativen Momente meist größer sind als die positiven, so ist an den Balkenenden eine Vergrößerung der Balkenhöhe erforderlich, die durch *Schrägen* oder *Vouten* erfolgt (Abb. 10). Ihre Neigung wählt man meist zu 1 : 3. Zur Verstärkung der Druckzone dienen vielfach die sog. *Voutenanker.*

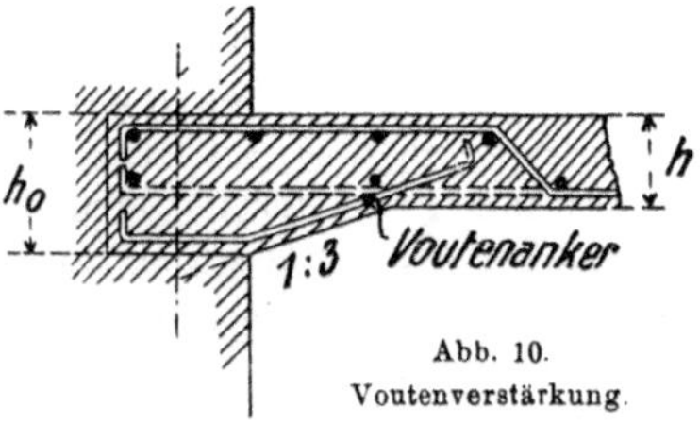

Abb. 10. Voutenverstärkung.

Als weitere Grundform mag noch die *Konsolplatte* oder der *Konsolbalken* angeführt werden. (Abb. 11.) Bei der Konsolplatte entstehen die Druckspannungen am unteren und Zugspan-

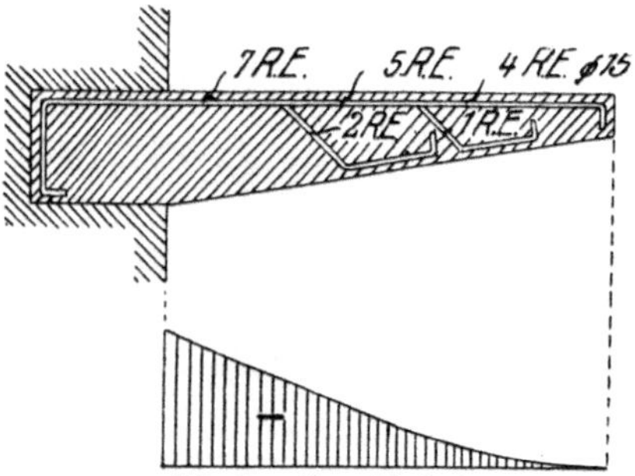

Abb. 11. Konsolplatte.

nungen am oberen Rande; entsprechend werden die Eisen zu verlegen sein. Soweit erforderlich, dienen zur Aufnahme der Schubspannungen auch hier Bügel.

C. Rippenplattendecke. Wenn man die Plattenbalken durch eine durchlaufende Platte verbindet, erhält man die *Rippenplattendecke* oder *Plattenbalkendecke* (Abb. 12).

Sie tritt an Stelle der Platte bei größeren Abmessungen der Stützweite. Man kann sie als wirtschaftlich bei Spannweiten von

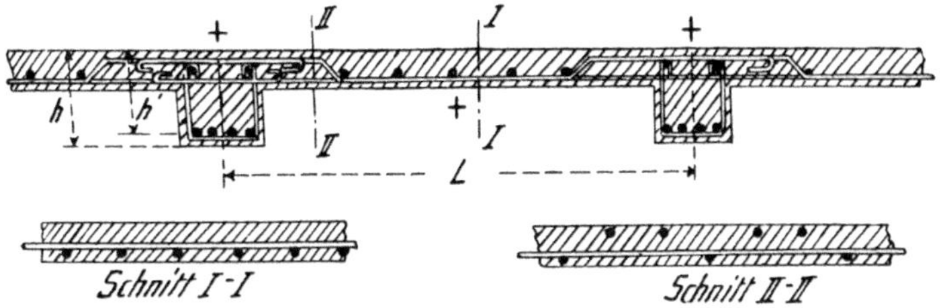

h im Mittel $\frac{l}{15}$, h' nach § 16, Nr. 10 $\geqq \frac{l}{20}$, $L = 1{,}5$—3 m

Abb. 12. Rippendecke (Plattenbalkendecke).

mehr als 3 m bezeichnen unter Voraussetzung normaler Nutzlasten, d. h. Belastungen, wie sie bei Wohnhausdecken oder Fabrikdecken vorkommen. Die Armierung der Plattenbalkendecke erfolgt nach den Grundsätzen, wie sie bei den Platten und Plattenbalken schon besprochen wurden.

Die Rippen erhalten *Trageisen* am unteren Rand. Diese Trageisen werden durch Bügel mit der Druckzone verbunden. Die Belastung der Platten wird zwischen den einzelnen Rippen durch eine entsprechende Armierung der Platten übertragen. Die Platten gehen kontinuierlich über die Rippen durch.

Die Trageisen müssen *in Plattenmitte unten* und *über den Rippen oben* liegen.

Der Übergang erfolgt durch Abbiegen der Eisen dort, wo der Nullpunkt der Momentenlinie liegt. Die Trageisen der Platten laufen entweder über mehrere Felder durch oder werden über den Rippen gestoßen. Es überdecken sich dann die Trageisen des linken Feldes mit denen des rechten Feldes.

Über die Stütze kommt eine größere Anzahl Eisen zu liegen, wie es dem größeren Werte des Stützenmoments entspricht. Außerdem sind noch in der üblichen Weise *Verteilungseisen* einzulegen. Die Anordnung der Eiseneinlagen geht aus den Schnitten I—I und II—II hervor.

Die Höhe h der Rippen wählt man in der Regel $^1/_{12}$ bis $^1/_{15}$ der Spannweite. Nach § 16, Nr. 10 der Bestimmungen soll die Höhe h', bis zur Mitte der Trageisen gemessen, $\geqq \frac{1}{20} l$ sein. Die Rippenentfernung beträgt in der Regel 1,5—3 m (siehe Abb. 13).

Schließen die Platten an Unterzüge an, so liegen die Trageisen in der Regel parallel den Unterzügen. Infolge der elastischen Formänderung würden dann leicht Risse neben den Unterzügen entstehen. Diese werden durch besondere kurze *Zulageeisen* senkrecht zu den Unterzügen am oberen Rande der Platten vermieden (Abb. 13). Hierüber findet man in den Bestimmungen (§ 16, Nr. 9) folgende Angaben: Liegen die Deckeneisen gleichlaufend mit den Hauptbalken, so sind rechtwinklig zu ihnen besondere Eiseneinlagen anzuordnen, die die Mitwirkung der umschließenden Deckenplatte auf die gerechnete Breite sichern, und zwar wenigstens 8 Eisen von 7 mm Durchmesser auf 1 m Balkenlänge.

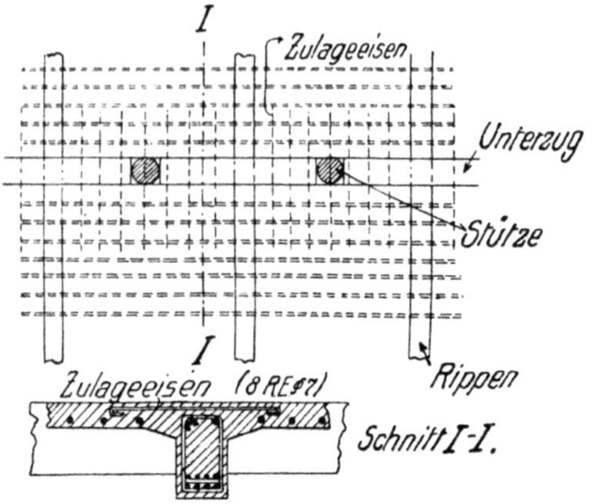

Abb. 13. Plattenbalkendecke mit Zulegeeisen.

D. Gewölbe. Da das Gewölbe eine Konstruktion ist, die in erster Linie Druckspannungen aufnehmen soll, so ist bei entsprechenden Abmessungen auch keine Veranlassung vorhanden, Zugeisen in die Gewölbe zu verlegen. Es kommen deshalb im Eisenbetonbau verhältnismäßig wenig Gewölbe zur Anwendung. Der Nachteil der Gewölbe besteht in der großen Konstruktionshöhe und in der Notwendigkeit, besondere Maßnahmen zur Aufnahme des Gewölbeschubes zu treffen.

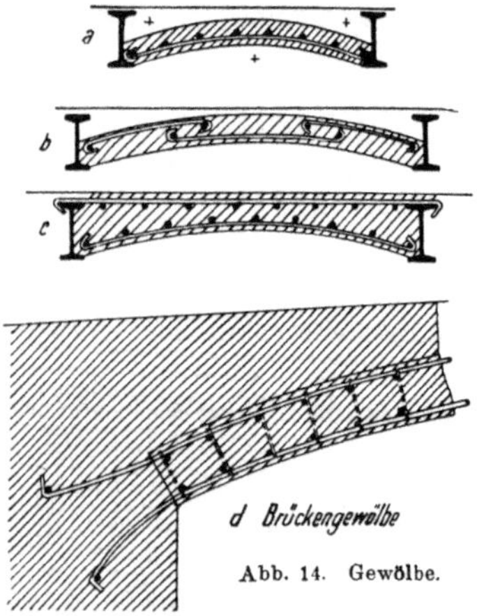

Abb. 14. Gewölbe.

Bei kleineren Gewölben im Hochbau findet man oft eine entsprechende Armierung nur entlang der unteren Laibung (Abb. 14 a). Bei einseitiger Belastung der Gewölbes müssen indessen auch Zugspannungen am oberen Rande des Gewölbeschenkels aufgenommen werden. Eine Bewehrung lediglich an der Unterfläche des Gewölbes ist daher unzweckmäßig, wenn man mit einseitiger Belastung zu rechnen hat. Bei größeren Gewölben findet man daher die in Abb. 14b und 14c angegebene Armierung.

In Abb. 14c ist die äußere Laibung mit Rücksicht auf die einfachere Herstellung eben ausgebildet. Es befindet sich eine Armierung in der Nähe des unteren Randes und eine zweite Armierung in der Nähe des oberen Randes.

Bei *Brückengewölben* wird in der Regel eine Armierung an beiden Laibungen, wie es den statischen Verhältnissen entspricht, ausgeführt. (Abb. 14d.) Die Haupttrageisen werden hierbei durch senkrecht zu ihnen angeordnete Verteilungseisen und Bügel zu einem festen Maschenwerk vereinigt.

E. Stützen. Erst durch die Einführung der *Eisenbetonstützen* wurden Konstruktionen monolithischer Art, d. h. solche, bei denen zwischen Wänden und Deckenkonstruktionen ein einheitlicher Verbund zur Durchführung gebracht wird, möglich. Die Säulen werden in verschiedenen Querschnitten, quadratisch, rund oder polygonal hergestellt. Die Ecken sind meist etwas abgestumpft, die Eiseneinlagen liegen in der Nähe der Ecken. Um die Eiseneinlagen herum werden *Bügel* gelegt (Abb. 15).

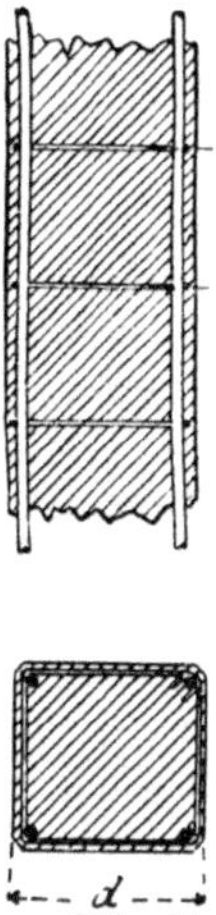

Abb. 15.
Einfache Stütze.

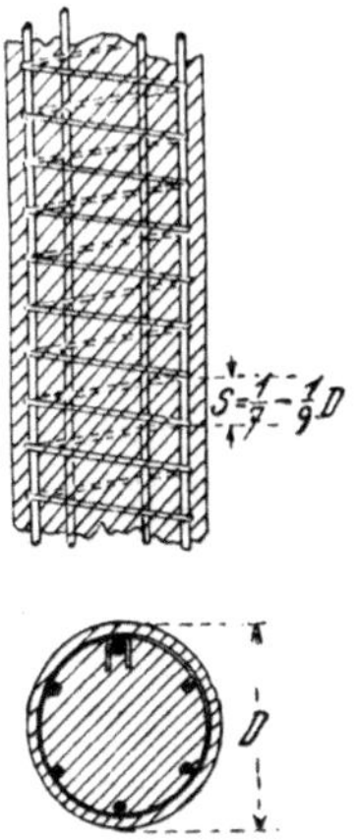

Abb. 16.
Spiralbewehrte Stütze.

Werden die Längseisen durch *Spiralen* umschlossen, so entstehen die spiralarmierten Säulen (Abb. 16).

3. Eigenschaften der Verbundmaterialien.

Als Verbundmaterialien bezeichnet man im Eisenbetonbau den Beton und das Eisen. Durch die besondere Art der Verlegung der Eisen im Beton und durch das Erhärten des Betons wird ein Material mit wesentlich neuen Eigenschaften, der Eisenbeton, geschaffen, welcher auch als *Verbundmaterial* bezeichnet wird.

Die Eigenschaften des Verbundmaterials hängen naturgemäß von den Eigenschaften der einzelnen Materialien, dann aber auch von den Grundlagen der Konstruktion und von der Güte der Ausführung ab.

A. Der Beton. Der Beton ist ein Gemenge von *Zement*, *Sand* und *Kleinschlag* oder von Zement und *Kies*. Dieses Gemenge wird unter Zugabe von *Wasser* gemischt und erhält dadurch die Eigenschaft zu erhärten.

Die Festigkeit des Betons ist im wesentlichen von den Eigenschaften der einzelnen Materialien abhängig, aus denen er zusammengesetzt ist.

a) Portlandzement. Das bekannteste hydraulische Bindemittel, seit vielen Jahren bewährt, ist der *Portlandzement*, dessen Eigenschaften in den „Deutschen *Normen* für einheitliche Lieferung und Prüfung von Portlandzement" vom Dezember 1909 festgelegt sind.

Portlandzement ist ein hydraulisches Bindemittel mit nicht weniger als 1,7 Gewichtsteilen Kalk (CaO) auf 1 Gewichtsteil lösliche Kieselsäure (SiO_2) + Tonerde (Al_2O_3) + Eisenoxyd (Fe_2O_3), hergestellt durch feine Zerkleinerung und innige Mischung der Rohstoffe, Brennen bis mindestens zur Sinterung und Feinmahlen. Dem Portlandzement dürfen nicht mehr als 3 v. H. Zusätze zu besonderen Zwecken zugegeben sein. Der Magnesiagehalt darf höchstens 5 v. H., der Gehalt an Schwefelsäure-Anhydrid nicht mehr als $2^1/_2$ v. H. betragen. Der Begriff des Portlandzements ist somit eng umgrenzt. Die Eigenschaften, die er vor und nach der Verarbeitung aufweisen muß, sind in den „Normen" festgelegt. Die Verpackung des Portlandzementes erfolgt entweder in Normalfässern zu 180 kg Brutto oder in halben Normalfässern zu 90 kg Brutto, meist aber in Säcken, und zwar nach den „Bestimmungen" in Säcken von 57 kg Gewicht. Oft haben die Säcke indessen 50 kg Bruttogewicht und 36 Liter Inhalt.

Bezüglich der *Festigkeitseigenschaften* des Zementes mag erwähnt werden, daß die Festigkeit mit Hilfe von Würfeln geprüft wird, die 7 cm Seitenlänge haben und die aus einem Teil Zement und 3 Teilen „*Normalsand*" hergestellt werden. Diese Würfel sollen nach 28 Tagen eine Druckfestigkeit von 250—350 kg/qcm und eine Zugfestigkeit von 22—27 kg/qcm haben.

b) Eisenportlandzement. Außer dem Portlandzement wird neuerdings auch unter ähnlichen Bedingungen wie der Portlandzement der *Eisenportlandzement* verwendet.

Der Wunsch, die im Eisenhochofenbetriebe in großen Mengen anfallende und durch Abschrecken im Wasser oder durch Einblasen von Luft oder Dampf zerstäubte und gekörnte (granulierte) *Hochofenschlacke*, die an sich hohe hydraulische Eigenschaften besitzt, zu verwerten und der Mörtelindustrie dienstbar zu machen, zeitigte den Eisenportlandzement. Auch für ihn sind zwischen dem Verein deutscher Eisenportlandzementwerke und dem preußischen Minister der öffentlichen Arbeiten *Normen* vereinbart, nach denen Eisenportlandzement aus mindesten 70 v. H. Portlandzement und höchstens 30 v. H. gekörnter Hochofenschlacke bestehen soll.

Der für die Mischung verwendete Portlandzement wird zwar nach den Anforderungen der für ihn geltenden Normen hergestellt, aber nach Möglichkeit *kalkreich* gehalten, damit man in dem Gemisch zwischen Zement und Schlacke ausreichend freien Kalk erhält, an den sich die Kieselsäure und Tonerde der Schlacke anlagern und Kalksilikate und Kalkaluminate bilden können. Die Hochofenschlacken sind Kalk-Tonerdesilikate, die auf einen Gewichtsteil löslicher Kieselsäure (SiO_2) + Tonerde (Al_2O_3) mindestens einen Gewichtsteil Kalk und Magnesia enthalten. Der Portlandzement und die Hochofenschlacke müssen fein zermahlen und im Fabrikbetriebe innig miteinander vermischt werden. *Zusätze* zu besonderen Zwecken, namentlich zur Regelung der Bindezeit, sind nicht zu entbehren, jedoch in Höhe von 3 v. H. der Gesamtmasse begrenzt, um die Möglichkeit von Zusätzen lediglich zur Gewichtsvermehrung auszuschließen.

c) *Hochofenzement.* Die Erkenntnis, daß gewisse Hochofenschlacken an sich schon vermöge ihrer chemischen Zusammensetzung und physikalischen Eigenschaften in fein gemahlenem Zustande hydraulische Bindemittel darstellen, die nur geringe Anregung durch den Kalk der mit ihnen vermahlenen Portlandzementklinker erfordern, hat zur Herstellung der Hochofenzemente geführt. Auch die Erzeuger dieser Zemente haben sich zu einem Verein zusammengeschlossen und dem Minister der öffentlichen Arbeiten *Normen* zur Anerkennung vorgelegt.[1]) In diesen Normen sind neben den Eigenschaften der Hochofenzemente selbst auch die Eigenschaften der für die Erzeugung von Hochofenzement nutzbaren Schlacken besonders festgelegt.

Die *Schlacken* sollen der folgenden Anforderung entsprechen:

$$\frac{CaO + MgO + \frac{1}{3}\,Al_2O_3}{SiO_2 + \frac{2}{3}\,Al_2O_3} > 1$$

In der Begriffserklärung wird Hochofenzement als ein hydraulisches Bindemittel gekennzeichnet, das vorwiegend aus Hochofenschlacke besteht, die durch schnelle Abkühlung der feuerflüssigen Masse gekörnt und mit einem Mindestgehalt von 15 v. H. Gewichtsteilen Portlandzement fein gemahlen und innig gemischt wird. Die Hochofenschlacke soll der oben angegebenen Zusammensetzung entsprechen und darf nicht mehr als 5 v. H. Manganoxyd (MnO) enthalten. Zusätze für besondere Zwecke sind auch hier in Höhe von 3 v. H. des Gesamtgewichts begrenzt. Der Minister hat wenig gelagerte Hochofenzemente, soweit sie der Überwachung des Vereins deutscher Hochofenzemente unterliegen, als im allgemeinen gleichwertig dem Portlandzement und Eisenportlandzement anerkannt, zur näheren Festlegung der Rostsicherheit und Lagerbeständigkeit aber eine fünfjährige Frist vorbehalten.

1) Deutsche Normen für einheitliche Lieferung und Prüfung von Hochofenzement mit Runderlaß vom 22. November 1917. Verlag W. Ernst & Sohn, 1917.

d) Die Herstellung des Betons. Außer dem *Zement* kommt bei der Herstellung von Beton noch *Sand* und *Kleinschlag* oder *Kies* zur Verwendung. Unter *Sand* versteht man diejenigen Bestandteile des Kieses, deren Durchmesser kleiner als 7 mm ist, unter *Kies* diejenigen, deren Durchmesser größer als 7 mm ist.

Die Eigenschaften des Betons sind von den Eigenschaften des Sandes und Kieses abhängig. Der Kies muß mindestens die gleiche Festigkeit haben, wie sie vom fertigen Beton später verlangt wird. Bezüglich des *Mischungsverhältnisses* ist zu bemerken, daß dieses so gewählt sein muß, daß der Sand die Zwischenräume des Schotters mindestens ausfüllt.

Sand, Kies und Schotter werden nach *Raumteilen*, Zement nach *Gewichtsteilen* bewertet (vgl. die Best. § 6, Nr 1).

Als Gewicht des Zementes kann 1200 bis 1400 kg/cbm angenommen werden. Das Gewicht soll nach den Best. durch loses Einschütten in ein Hohlgefäß festgestellt werden.

Werden die meist gebräuchlichen Raummischungsverhältnisse nach Mischungen des Gewichtes ausgerechnet, wie es nach den Bestimmungen verlangt wird, so kommen bei einem Mischungsverhältnis

1 : 2	650 kg	Zement	auf	1	cbm	Kies
1 : 3	440 „	„	„	1	„	„
1 : 4	340 „	„	„	1	„	„
1 : 5	280 „	„	„	1	„	„

Bei dem Eisenbeton wird im allgemeinen ein weicher oder flüssiger Beton verwendet. Ein *weicher* Beton erhält Zusätze von $7^1/_2$—10 %, ein flüssiger Beton von 10—$13^1/_2$ % Wasser. Der flüssige Beton wird vielfach als *Gußbeton* bezeichnet und kommt dort zur Verwendung, wo ein Stampfen unmöglich ist. Über zweckmäßige Zusammensetzung des Betongemenges für Eisenbeton können folgende praktische Regeln gegeben werden:

Als *Mindestzementmenge* für gute Eisenbetonmischungen kann man 300 kg Zement auf 1 cbm Sand oder Kies ansehen. Aber auch die *Mörtelmenge* muß für den Beton innerhalb gewisser Grenzen fetzgesetzt werden. Als Mindestgrenze des Mörtels auf 1 cbm kann man $\frac{1}{3}$ cbm annehmen, als oberste Grenze $\frac{3}{4}$ cbm. Die Bestimmungen § 6, Nr. 3 sagen, daß 1 cbm Betonmischung wenigstens $\frac{1}{2}$ cbm Mörtel enthalten soll.

Was die *Güte* des Betons anlangt, so verlangen die Bestimmungen, daß Würfel von 20 cm Seitenlänge folgende Druckfestigkeit aufweisen:

nach 28 Tagen 150 kg/cm², für Säulen 180 kg/cm²,
„ 45 „ 180 „ , „ „ 210 „ .

Die *Mischung* des Materials erfolgt mittels Hand, bei größeren Bauausführungen mittels Maschinen.

In vielen Fällen benötigt man *wasserdichten Beton*, namentlich bei der Herstellung von Behältern, Wasserbauten und Rohrleitungen. Wasserdichten Beton kann man entweder durch besonderen *Anstrich* und *Verputz* des Betons erzielen oder dadurch, daß man ihm besondere *Zuschlagsstoffe* beimengt.

Zu den Anstrichen werden die verschiedenartigsten Materialien gewählt: Ceresit, Aquabar, Siderosthen, ferner Teer und Asphalt-Präparate; zum Verputz der Konstruktionen verwendet man wasserdichten Mörtel.

Die Herstellung wasserdichter Verputze erfolgt dadurch, daß man den Mörtel in Stärke von 15—20 mm auf den fertigen Eisenbeton aufträgt und denselben vor vollständiger Erhärtung glättet und bügelt. Als *Mischungsverhältnis* verwendet man für den Verputz

1 Z : 1 S (nicht zu grob)
1 „ : 2 „ : $1/2$ Kalkteig
1 „ : 3 „ : 1 „
1 „ : 5 „ : $1\frac{1}{2}$ „
1 „ : 6 „ : 2 „

Als *Zuschlagsstoffe* verwendet man vielfach Traß, den man in 0,3—0,8 Teilen auf 1 Teil Zement diesem zusetzt. Der *Traß* ist ebenfalls ein hydraulisches Bindemittel, welches Kieselsäure in verbindungsfähiger Form enthält. Der Traßzusatz zu Zement hat eine große Verbreitung gefunden.

B. Das Eisen. *a) Eisenformen und Eisenfestigkeiten.* Für die Lieferung und Untersuchung des Eisens bei Eisenbetonbauten sind die „Vorschriften für die Lieferung von Eisen und Stahl, aufgestellt vom Verein deutscher Eisenhüttenleute“ 1911 maßgebend.

Die neuen Bestimmungen verlangen in § 5, Nr. 4, daß das Eisen die Eigenschaften des *Bauwerkseisens* haben soll. In den Vorschriften des Vereins deutscher Eisenhüttenleute ist ein Unterschied zwischen Handels- und Bauwerksflußeisen gemacht; an letzteres werden höhere Anforderungen gestellt als an das Handelseisen.

Für das Bauwerksflußeisen kommen folgende Werte in Betracht:

Zugfestigkeit 3700—4600 kg/cm²
Dehnung 20 %
Elastizitätszahl 2150000 kg/cm²
Scherfestigkeit 3200—4000 kg/cm²
Elastizitätsgrenze 2000—2400 kg/cm²
Streckgrenze 2400—3000 kg/cm²

Die *Streckgrenze* steigt, je stärker das Material bearbeitet wird; sie ist also bei dünnen Stäben höher als bei starken Stäben und an den Rändern einzelner Profile größer als in den mittleren Teilen.

Die zulässigen *Beanspruchungen* des Eisens sind für Zug und Druck gleich groß und betragen 800—1200 kg/cm².

Hat man dynamische Einflüsse zu befürchten, so wird man kleinere Werte wählen als bei ruhender Belastung. Ist die Nutzlast im Verhältnis zum Eigengewicht groß, so wird man ebenfalls wegen Einschränkung der Formänderungen kleinere Beanspruchungen wählen. Was die Profile anlangt, so werden im Eisenbetonbau fast ausschließlich *Rundeisen* ohne jede Bearbeitung der Außenfläche mit Durchmesser von 5 mm bis 50 mm verwendet. Die dünnen Rundeisen werden kalt gebogen; die stärkeren Profile, in der Regel von 25 mm an, werden warm gebogen. *Flacheisen* werden seltener verwendet. Sie finden insbesondere bei den Konstruktionen Anwendung, wie sie von Möller vorgeschlagen wurden (Abb. 17).

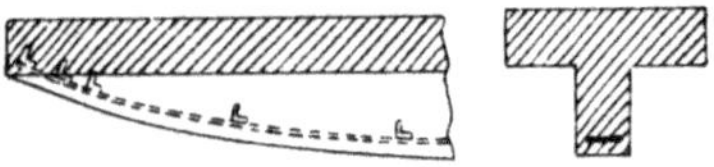

Abb. 17. System Möller.

In *Österreich* und *Amerika* ist vielfach das System Melan zur Ausführung gekommen. Hierbei werden in die Betonkonstruktionen vergitterte Eisenträger eingelegt, die durch Niete verbunden sind und gleichzeitig als Lehrgerüst für die Aufbringung des Betons dienen (Abb. 18).

Bei kleineren Straßen- und Eisenbahnbrücken verwendet man vielfach *I-Träger* (Abb. 19). In *Amerika* hat man zur Vergrößerung der Haftfestigkeit der Eisen im Beton die Außenflächen derselben mit Knoten, Erhöhungen, Wulsten u. dgl. versehen. Die Knoten wirken jedoch schädlich. Sie erzeugen an den Außenflächen Kräfte, die die Betonschale absprengen. Diese Sondereisen werden wegen ihrer offensichtlichen Nachteile in Deutschland wenig verwendet.

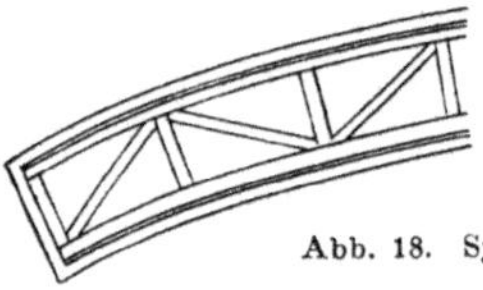

Abb. 18. System Melan.

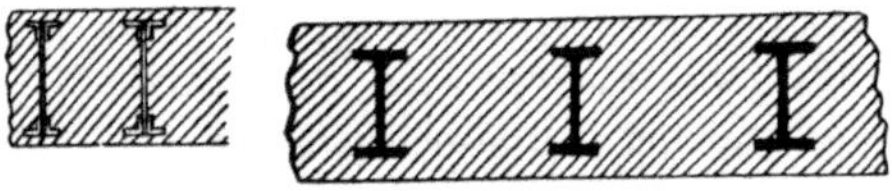

Abb. 19. Einbetonierte Formeisen.

Den gleichen Zweck verfolgen die Johnson-*Eisen*, welche ebenfalls in *Amerika* gebräuchlich sind (Abb. 20). Ein solches besteht aus einem Vierkanteisen, auf dem zahnartige Erhöhungen sitzen.

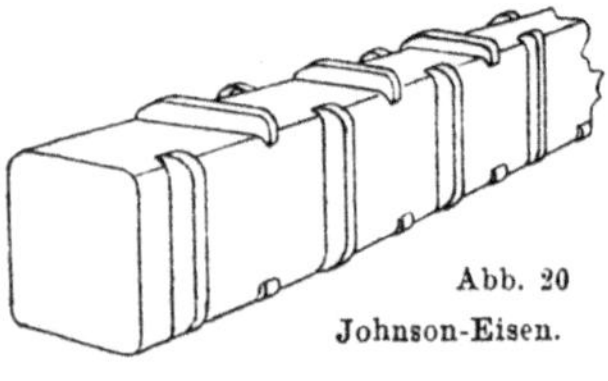

Abb. 20 Johnson-Eisen.

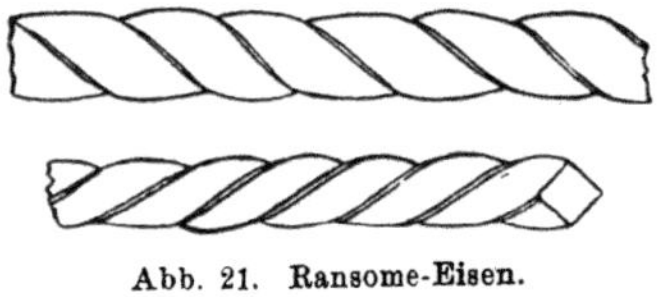

Abb. 21. Ransome-Eisen.

Von größerer Bedeutung ist das Ransome-*Eisen* (Abb. 21), ein gedrehtes Quadrateisen. Hierdurch entsteht ein Eisen, bei dem die Kanten spiralig um die Längsachse herumlaufen.

Ferner ist noch das *Kahneisen* zu erwähnen. Bei diesem soll der Mißstand einer ungenügenden Verbindung der Trageisen mit den Bügeln vermieden werden. Die Bügel sind bei den Kahneisen

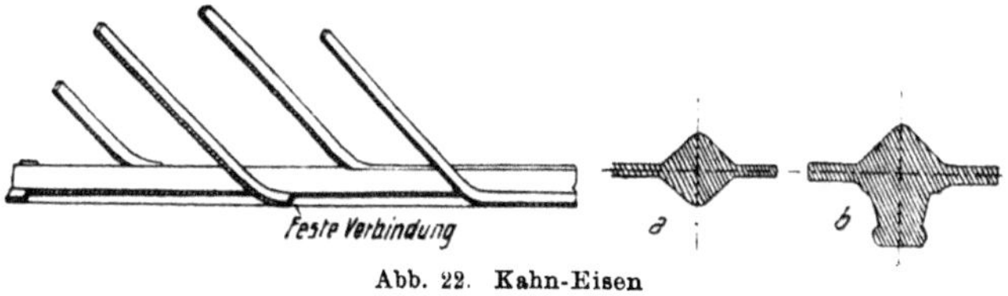

Abb. 22. Kahn-Eisen

unter 45⁰ abgebogen und stehen in fester Verbindung mit dem Stab selber (Abb. 22). Für größere Querschnitte ist die in Abb. 22 b dargestellte Form ausgeführt worden.

Außerdem kommen die *Wulst- oder Bulbeisen* in Betracht, bei deren Verwendung man von dem gleichen Gedanken ausgeht.

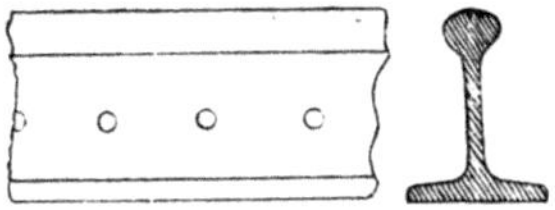

Abb. 23. Wulst- oder Bulbeisen (Pohlmann-Decke).

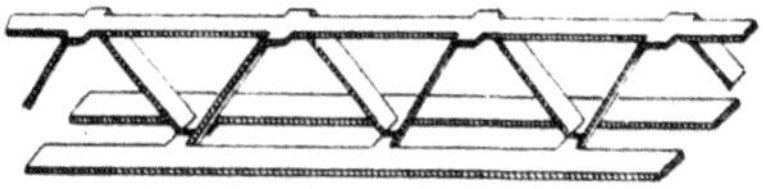

Abb. 24. Nietloser Gitterträger.

Diese Eisen erhalten Durchbrechungen des Steges, durch die Flacheisenbügel gesteckt werden (Abb. 23).

Nietlose Gitterträger entstehen dadurch (Abb. 24), daß man in Flacheisen gewisse Schnitte ausführt, ohne das Material vollständig zu trennen und nunmehr die losgetrennten Eisenteile auseinanderzieht. Die Materialverschwendung ist bei dieser Konstruktion ziemlich beträchtlich. Das Eisen hat daher wenig Verbreitung gefunden. Außerdem besitzt die eigenartige Form der Einlagen wenig Anpassungsfähigkeit.

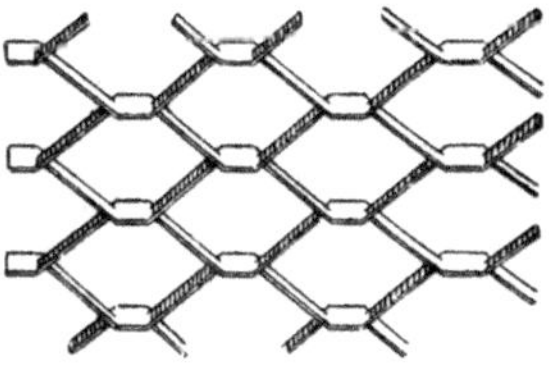

Abb. 25. Streckmetall.

Schließlich ist noch das *Streckmetall*, welches im Hochbau vielfach Verwendung gefunden hat, zu erwähnen (Abb. 25). Durch Auseinanderziehen gestanzter Bleche erhält man rautenartige Gebilde, die als Eiseneinlagen in der verschiedenartigsten Weise verwendet werden können. Die Länge der Tafeln beträgt für die kleinen Profile 2,40 m, für die größeren Profile 4,80 m.

Das bei Eisenbetonbauten verwendete Eisen wird ohne jede weitere Bearbeitung in den Beton hineingelegt. Es ist von Schmutz und gröberen Rostflecken zu befreien; es hat sich gezeigt, daß kleinere Roststellen unschädlich sind.

Die Längenabmessungen der Eisen werden nach den Erfordernissen des Transportes, der Bearbeitung und der Konstruktion bestimmt. Man wird versuchen, möglichst ungestoßene Längen zu verwenden. Bei Hochbauten wird man größere Längen der Rundeisen als 8—12 m und bei Brücken größere Längen als 20—25 m nicht verwenden. Wenn man in der erforderlichen Länge Rundeisen nicht erhalten kann, so wird man die Eisen stoßen.

Der *Stoß* kann durch *Verschweißung* (Abb. 26) mit schräg gelegter Schweißnaht hergestellt werden. Die Festigkeit ist aber

Abb. 26. Stoß der Rundeisen (Schweißnaht).

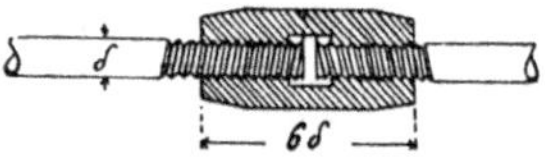

Abb. 27. Stoß der Rundeisen (Verschraubung).

immer von der Güte der Schweißstelle abhängig und man vermeidet daher bei Eisenbetonkonstruktionen derartige Ausführungen. Man hat den Stoß ferner durch *Verschraubung* der Eisen hergestellt (Abb. 27). Da aber durch die stärkere Muffe eine Sprengwirkung auf den umhüllenden Beton ausgeübt wird und bei einer größeren Anzahl von Eisen die Muffen viel Platz in Anspruch nehmen, so ist auch diese Ausbildung wenig gebräuchlich. Die beste Stoßverbindung im Eisenbeton ist das einfache *Übergreifen der Eisen* auf eine gewisse Länge, wobei die Enden mit Haken angeschlossen werden (Abb. 28). Die Eisen werden dabei mit Bindedraht von 1—$1\frac{1}{2}$ mm Stärke umwickelt, so daß sie in ihrer Lage festgehalten werden. Die Wirkung dieser Stoßbildung beruht darauf, daß die Zugkraft Z teils durch die Haftfestigkeit teils durch den Haken auf den Beton übertragen und in der gleichen Weise von dem anderen Eisen übernommen wird. Die Überdeckung der Eisen beträgt etwa 20—30 δ, wobei δ die Stärke des Eisens ist.

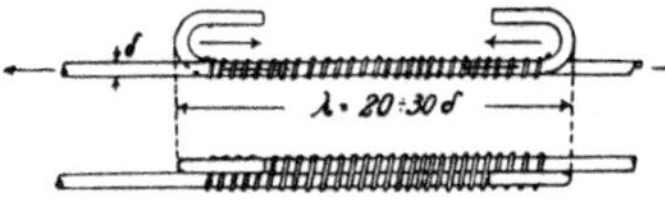

Abb. 28.
Stoß der Rundeisen (Überdeckung).

Versuche des Deutschen Ausschusses für Eisenbeton, die mit derartigen Stoßverbindungen ausgeführt worden sind, haben bewiesen, daß bereits eine Überdeckung der Eisen von 8—12 δ genügt, um gleiche Rißlasten[1]) zu erzielen, wie bei ungestoßenen Eisen. Die gleiche Bruchlast wie bei ungestoßenen Eisen wird bei schwachen Eiseneinlagen von 10 mm Durchmesser ebenfalls bereits bei einer Überdeckung von 8 δ erreicht. Bei stärkeren Eisen, wie sie meist in Betracht kommen, konnte die gleiche Bruchlast selbst bei einer sehr großen Überdeckung überhaupt nicht erzielt werden

b) Randabstand der Eisen. Wenn das Eisen infolge der Zugwirkung aus dem Beton herausgerissen wird, so kann dies in der Weise geschehen, wie es in Abb. 29 angedeutet ist:

1) Rißlast ist diejenige Last, bei der die ersten Risse im Beton entstehen.

1. Abtrennung in der Umfangslinie 1—2—3—4—1
2. „ „ den Rißlinien 1—4—7 und 2—3—8
3. „ „ „ „ 2—1—5 „ 3—4—6
4. „ „ der Rißlinie 5—1—2—3—8.

Der Randabstand muß nun so gewählt werden, daß der Scherwiderstand in der Umfangslinie 1—2—3—4—1 der kleinste ist, um ein Herausreißen nach Fall 2 bis 4 auszuschließen. Nimmt man an, daß die Scherfestigkeit des Betons gleich seiner Haftfestigkeit am Eisen ist, so folgt für

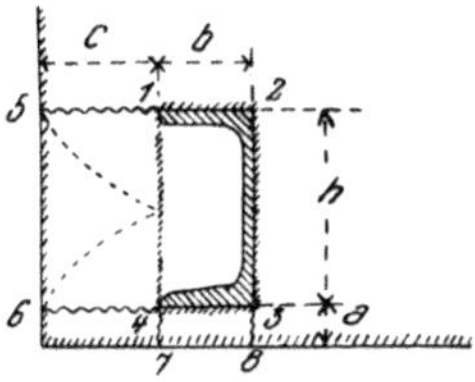

Abb. 29. Abstand der Eisen vom Rand.

$$\text{Fall 2: } a \geqq \frac{b}{2}$$

$$\text{„ 3: } c \geqq \frac{h}{2}$$

$$\text{„ 4: } (a + c) \geqq (b + h);$$

dies ist am ungünstigsten und erfordert

$$c_{\min} = h; \quad a_{\min} = b.$$

Aus Sicherheitsgründen wird man deshalb wählen:

bei vorwiegend senkrechter Belastung $a = 1{,}5\,b$; $c = 1{,}2\,h$
„ „ wagrechter „ $a = 1{,}2\,b$; $c = 1{,}5\,h$.

Bei einem Rundeisen können die gleichen Überlegungen angestellt werden. Das Rundeisen soll bei steigender Kraft im Umfange eine Haftfestigkeit aufweisen, die kleiner ist als die Scher- und Haftfestigkeit in den drei anderen Rißlinien 5–1–2–3–6, 7–4–1–2–8 und 5—1—2—8. Auch hier ergibt die letzte Rißlinie die größten Werte für a und c; es muß sein

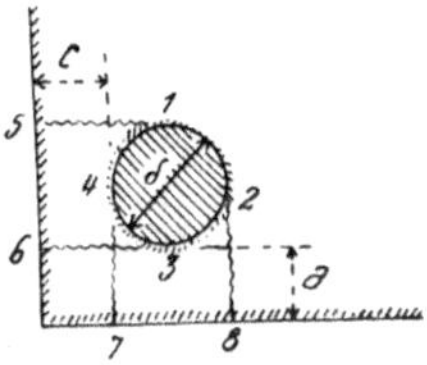

Abb. 30. Abstand der Eisen vom Rand.

$$a + c + 2 \cdot \frac{\delta}{2} > \frac{3}{4}\,\delta\,\pi; \quad \text{folglich}$$

$$a + c > \delta\left(\tfrac{3}{4}\pi - 1\right) \text{ oder } a + c > 1{,}356\,\delta.$$

Bei $a = c$ ergibt dies die Bedingungsgleichung $a = c = 0{,}678\,\delta$. Mit Rücksicht darauf, daß die Lage der Eisen gegenüber dem Rande niemals vollständig gesichert ist, da beim Stampfen leicht Verschiebungen eintreten, muß ein beträchtlicher Zuschlag zu diesem theoretischen Wert gegeben werden. Man wählt bei Rundeisen $a = c = \delta$.

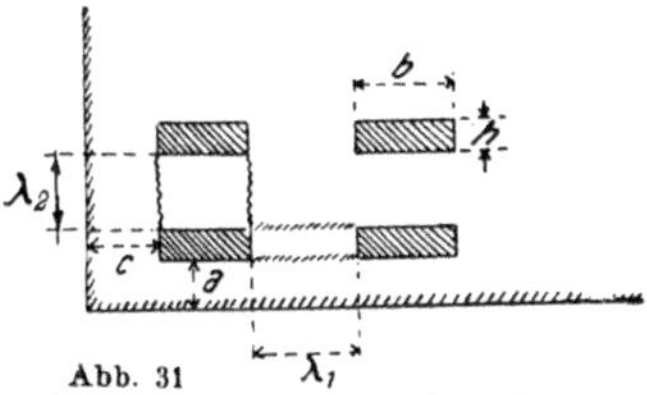

Abb. 31 Abstand der Eisen vom Rand.

Den gegenseitigen Abstand mehrerer Eisen wählt man bei rechteckigen Eisen

	in wagrechtem Sinne	$\lambda_1 = 1{,}5 \cdot c$
	„ senkrechtem „	$\lambda_2 = 1{,}5 \cdot a$,
bei Rundeisen		$\lambda = 1{,}5 \cdot c$
		$= 1{,}5 \cdot a$.

Die amtlichen Bestimmungen verlangen in § 9, Nr. 6, daß bei Rundeisen $\lambda \geqq \delta$, jedoch mindestens $= 2$ cm betrage, damit die kleineren Teile des Betons zwischen den Zwischenräumen der Eisen hindurchfallen können, und daß das Eisen von allen Seiten mit Beton umhüllt wird. In § 9, Nr. 7 ist bezüglich des Eisenabstandes vom unteren Rande bestimmt, daß derselbe bei Platten mindestens 1 cm (Abb. 32), die Überdeckung der Bügel bei Rippen und Säulen mindestens 1,5 cm und bei Ausführung im Freien mindestens 2 cm betragen soll.

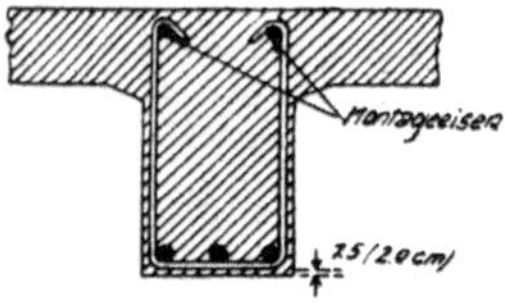

Abb. 32
Abstand der Bügel vom Rand.

4. Festigkeiten des Betons und Eisenbetons.

A. Druckfestigkeit des Betons. Die Druckfestigkeit des Betons ist verschieden groß, je nach dem Mischungsverhältnis und den Eigenschaften der Zuschläge. Sie hängt bis zu einem gewissen Grad auch von der Form des Probekörpers ab.

Die Festigkeit des Würfels ist größer als die Festigkeit einer Säule; sie nimmt mit dem Alter beträchtlich zu. Maßgebend für die Beurteilung ist die Festigkeit nach 4 Wochen; sie soll mindestens 150 kg/cm² betragen. Nach 1 Jahr beträgt die Festigkeit vielfach das 1,5—2 fache der 4 Wochen-Festigkeit. Nach § 18 der Bestimmungen betragen die zulässigen Beanspruchungen der Eisenbetonkonstruktionen in der Regel 30—40 kg/cm².

Es ist ferner bestimmt, daß bei höherer Würfelfestigkeit als 245 kg/cm² nach 45 Tagen die zulässige Druckspannung $\frac{1}{6}$—$\frac{1}{7}$ der Festigkeit, jedoch nicht mehr als 50 kg/cm² gewählt werden darf. Da die normale Würfelfestigkeit 150—180 kg beträgt, so ist die höhere Beanspruchung bei besserer Betonmischung durchaus berechtigt.

Laboratoriumsversuche ergeben sehr viel größere Festigkeiten als oben angegeben. Die nachfolgende Tabelle ist aus Laboratoriumsversuchen der Materialprüfungsanstalt in Groß-Lichterfelde zusammengestellt und enthält Mittelwerte aus verschiedenen Materialien und aus verschiedenen Versuchen.

Mischungsverhältnis	1:3	1:4	1:5	1:6	1:7	1:8	1:10
Druckfestigkeit des Betons $k_d =$	325	275	275	175	125	100	75 kg/cm².

B. Zugfestigkeit des Betons. Die Zugfestigkeit des Betons spielt bei Eisenbetonkonstruktionen keine große Rolle, da die Zugspannungen den Eisen zugewiesen werden. Trotzdem ist die Kenntnis seiner Zugfestigkeit von Wichtigkeit bezüglich der Frage der Rißbildung. Es liegen über die Zugfestigkeit des Betons verhältnismäßig wenig Versuche vor.

Versuche der Materialprüfungsanstalt Groß-Lichterfelde.

Alter	28 Tage	3 Monate	1 Jahr	3 Jahre
Mischung 1 : 3	23,5	27,5	33,1	37,2 kg/cm²
„ 1 : 4	22,7	28,1	—	29,2 „
„ 1 : 5	16,5	19,8	22,6	23,3 „

Diese Versuche sind unter Beobachtung aller Vorsichtsmaßregeln zur Durchführung gelangt. Im Gegensatz dazu hat die Firma Wayß und Freytag praktische Versuche angestellt, bei denen der Beton etwa so hergestellt wurde wie auf der Baustelle. Das Ergebnis dieser Versuche ist folgendes:

Versuche der Firma Wayß und Freytag

Alter	3 Monate	2 Jahre
Mischung 1 : 3	12,6	15,5 kg/cm²
„ 1 : 4	9,2	— „

Praktisch wird man daher mit einer Zugfestigkeit von 10 bis 15 kg/cm² rechnen können. Bei zehnfacher Sicherheit ergibt sich eine zulässige *Zugbeanspruchung* des Betons von 1,0—1,5 kg/cm².

C. Elastizität des Betons. Das elastische Verhalten des Betons folgt nicht so einfachen Gesetzen wie dasjenige des Eisens, dessen Dehnungen innerhalb der Nutzbeanspruchungen proportional den Spannungen sind.

Nach Versuchen von Bach-Schüle können die Längenänderungen eines Betonstabes durch folgende Formel ausgedrückt werden:

$$\frac{\Delta s}{s} = \frac{\sigma^m}{E_b}.$$

Hierin bedeutet Δs die Längenänderung, s die Länge, σ die Spannung, E_b das Elastizitätsmaß des Betons und m einen Zahlenwert, der von der Art des Betonmaterials abhängig ist und zwischen 1,10 (bei fetten) und 1,20 (bei mageren Mischungen) schwankt.

Wenn man also die Formänderung eines Betonstabes zeichnerisch aufträgt, so erhält man keine gerade Linie, sondern eine Kurve von der Form, wie sie der Abb. 33 zu entnehmen ist.

Man erkennt aus der Kurve eine stetige Abnahme des Elastizitätsmaßes mit wachsender Druckspannung. Ähnlich ist das Verhalten auf der Zugseite, nur nimmt das Elastizitätsmaß viel schneller ab als auf der Druckseite.

Aus den Versuchen ist zu erkennen:

1. Die Dehnungen des Betons sind nicht proportional den Spannungen, sondern folgen einem anderen Gesetz. Man kann das Bach-Schülesche Potenzgesetz annäherungsweise zugrunde legen.

2. Wenn man für das Längenverhältnis die Gleichung benutzt

$$\frac{\Delta s}{s} = \frac{\sigma}{E_b},$$

so folgt aus den Versuchen, daß das Elastizitätsmaß keine konstante, sondern eine veränderliche Größe ist, die bei zunehmender Druck- und Zugspannung abnimmt und die ferner von dem Wassergehalt und dem Mischungsverhältnis des Betons abhängig ist.

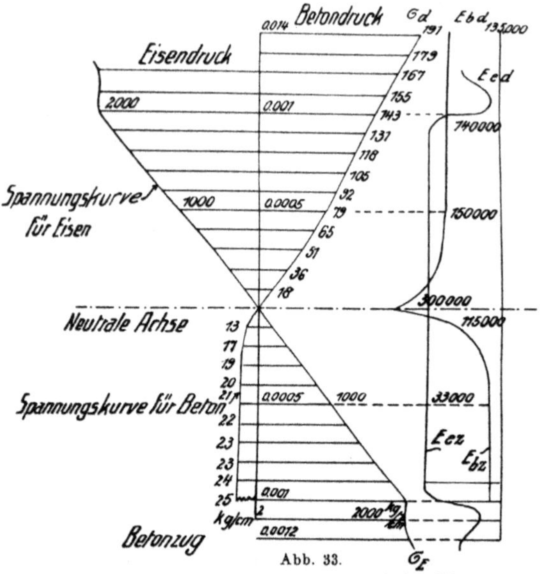

Abb. 33.
Formänderungen des Betons und des Eisens.

D. Druckfestigkeit des Eisenbetons. Als Maßstab für die *Druckfestigkeit* gilt die Festigkeit eines Würfels von 20 cm Seitenlänge. Diese sogenannte *Würfelfestigkeit* stimmt indessen nicht genau mit der *Baufestigkeit* überein.

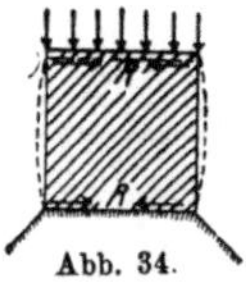

Abb. 34. Festigkeit eines Würfels.

Mit Rücksicht hierauf sind im Jahre 1910 bezüglich der Beanspruchung von Betonsäulen in Preußen Bestimmungen erlassen worden, die die zulässige Beanspruchung abmindern, je nach dem Höhenverhältnis.

Die größte Druckbeanspruchung des Stampfbetons für ruhende Belastung darf hiernach $\frac{1}{5}$ seiner Druckfestigkeit nach 28 Tagen nicht überschreiten. Bei Stützen und Pfeilern ist diese Beanspruchung mit zunehmendem Längenverhältnis $\frac{h}{a}$ *abzumindern* (Abb. 35) und höchstens zu wählen:

für das Verhältnis	$1:1$	$= \frac{1}{5}$
„ „ „	$5:1$	$= \frac{1}{10}$
„ „ „	$10:1$	$= \frac{1}{20}$

der Würfelfestigkeit. Zwischenwerte können geradlinig eingeschaltet werden.

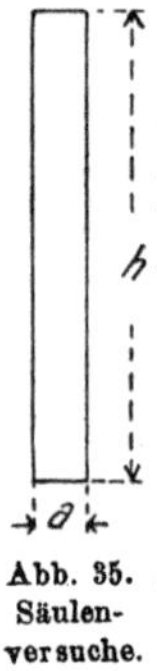

Abb. 35. Säulenversuche.

Vergleicht man damit die auf versuchstechnischem Wege gefundenen Werte, wie sie von Bach veröffentlicht wurden, dann ergibt sich das in Abb. 36 dargestellte interessante Ergebnis.

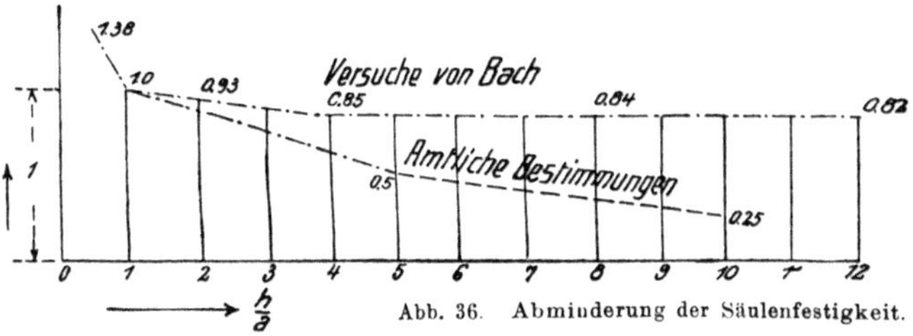

Abb. 36. Abminderung der Säulenfestigkeit.

Die *Abminderung der Säulenfestigkeit* beträgt nach den Bachschen Versuchen etwa 20%, also Verhältnis der Säulenfestigkeit zur Würfelfestigkeit 0,8. Es fällt der große Unterschied zwischen den Versuchswerten und den amtlichen Bestimmungen auf, und man hat daraus vielfach einen gewissen Widerspruch hergeleitet. Es ist jedoch zu bedenken, daß die Versuchsergebnisse im Laboratorium erzielt wurden bei durchaus zentrisch belasteten Säulen und bei sorgfältigster Herstellung, während die Verhältnisse bei den Stützen eines Bauwerkes wesentlich ungünstiger liegen und insbesondere mit schädlichen Biegungsmomenten zu rechnen ist.

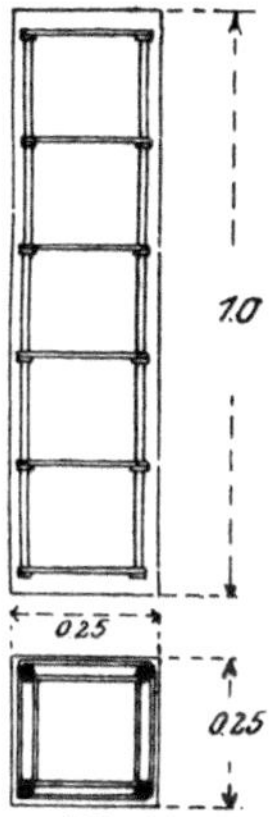

Abb. 37. Armierung einer Säule.

Durch entsprechende Eiseneinlagen ist es jedoch möglich, die Baufestigkeit einer Stütze so zu erhöhen, daß der Beton seine Würfelfestigkeit wieder erreicht.

Die Probekörper des mitgeteilten Versuches hatten ein Mischungsverhältnis von 1 : 4, und zwar 3 Teile Sand und 2 Teile Kies. Der Beton wurde weich hergestellt und hatte bei den Versuchen ein Alter von 3 Monaten. Die Ergebnisse der Belastung waren folgende: (Abb. 37)

Versuchskörper	Längsarmierung	Längsarm. in % des Querschn.	Bügelentf. cm	Bruchfestigkeit
I	4 RE ø 15 mm	1,14	25	168 kg/cm²
II	4 RE ø 15 mm	1,14	12,5	177 „
III	4 RE ø 15 mm	1,14	6,25	205 „
IV	4 RE ø 20 mm	2,04	25,0	170 „
V	4 RE ø 30 mm	4,60	25,0	190 „
VI	ohne Armier.	—	—	141 „

Die *Würfelfestigkeit* des benutzten Betons betrug 175 kg/cm². Man sieht, daß es nicht so sehr auf die Anzahl und auf den Durchmesser der Längseisen als vielmehr auf die *Entfernung der*

Bügel ankommt. Dieses Ergebnis ist für die Beurteilung des Wertes der Eiseneinlagen von Bedeutung.

Aus den Versuchen können folgende Schlüsse gezogen werden:

1. Die Widerstandsfähigkeit auf Druck wächst mit abnehmender Bügelentfernung.
2. Die Vermehrung der Längsarmierung ist auf die Tragkraft von geringem Einfluß.
3. Der Einfluß von 1 kg Eisen in den Bügeln ist etwa doppelt so groß als der Einfluß von 1 kg Eisen in den Längseisen.
4. Durch zweckmäßige Armierung kann auch bei Säulen die Würfelfestigkeit erzielt werden.

E. Biegungsfestigkeit des Betons und des Eisenbetons. Im Gegensatz zu der Druckfestigkeit unterscheidet man beim Beton auch eine sogenannte *Biegungsfestigkeit.* Bei der Berechnung von Eisenbetonkonstruktionen soll, wie bei der Berechnung von homogenen Balken, die Naviersche Voraussetzung zugrunde gelegt werden, daß die Querschnitte auch nach der Biegung eben bleiben. Da aber festgestellt ist, daß beim Beton die Spannungen nicht proportional den Dehnungen sind, so ergibt sich, daß bei auf Biegung beanspruchten Betonbalken oder Eisenbetonbalken die Spannungen sich nicht geradlinig über die Querschnitte verteilen, sondern eine Spannungslinie nach Abb. 38 eintritt.

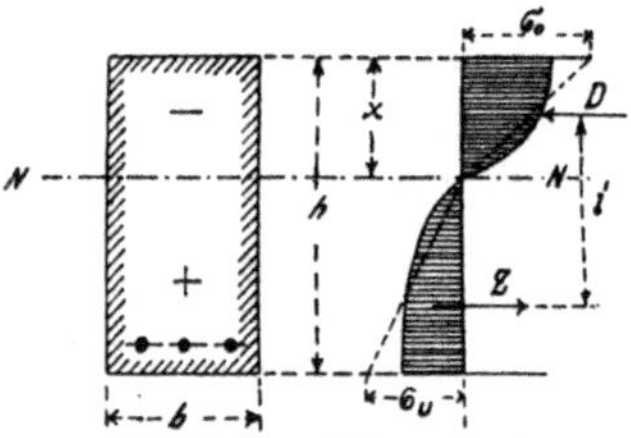

Abb. 38. Darstellung der inneren Spannungen.

Bei Biegung durch senkrechte Lasten folgt aus dem Gleichgewicht der horizontalen Kräfte: $D = Z$, so daß aus dem Spannungsdiagramm des Betons oberhalb und unterhalb der Nullinie gleiche Flächen herausgeschnitten werden müssen, um zusammengehörige *Randspannungen* zu erhalten.

Für eine Betonmischung 1 : 3 (trocken) ergeben sich folgende Werte als zusammengehörige Randspannungen:

Druck	Zug	Druck	Zug
3,5 kg/cm²	3,1 kg/cm²	9,4 kg/cm²	17,7 kg/cm²
5,3 „	4,6 „	20,8 „	11,5 „
7,2 „	6,2 „	26,2 „	2,6 „

Die Randspannung auf der Zugseite ist entsprechend dem elastischen Verhalten des Betons immer kleiner als die Randspannung auf der Druckseite.

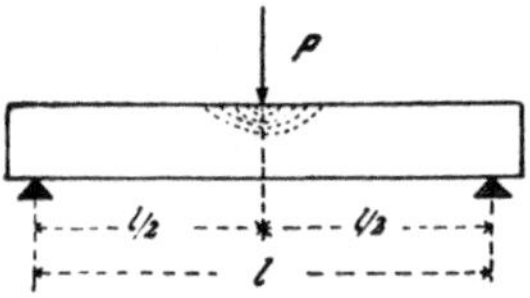

Abb. 39. Zerstörung des Betons in der Druckzone.

Wenn man einen Betonbalken durch eine Einzellast in der Mitte auf Biegung beansprucht (Abb. 39), dann tritt das größte Moment im mittelsten Querschnitt auf. Die durch Versuche bis zum Bruch festgestellte Biegungsdruckfestigkeit ist etwa *zweimal so groß* als die Würfelfestigkeit. Man kann sich diese Erscheinung dadurch erklären, daß die am stärksten beanspruchten Fasern rings durch weniger stark beanspruchte Stabteile umschlossen sind und hierdurch ihre Festigkeit erhöht wird. Bei zunehmender Belastung wird außerdem nach Überschreitung der Fließgrenze die obere Randspannung nicht mehr in gleichem Maße zunehmen und sich eine Spannungslinie des Querschnitts nach Abb. 38 ausbilden, wodurch die Ränder des Stabes durch die Stabmitte entlastet werden. Aus diesem Grunde erklärt es sich auch, daß die zulässigen Biegungsdruckspannungen im Beton- und Eisenbetonbau größer gewählt werden dürfen als die zulässige reine Druckbeanspruchung (vgl. § 18 der amtlichen Bestimmungen). Während die erstere 30 bis 40 kg/cm² beträgt, ist die letztere auf 25 bis 35 kg/cm² beschränkt.

Prüfung der Druckfestigkeit durch Kontrollbalken. Bei wichtigeren Eisenbetonbauten wird man während der Ausführung die Eigenschaften des Betons dauernd prüfen. Für diese Versuche werden in der Regel Würfel von 20 cm Seitenlänge hergestellt, welche in Eisenformen gestampft und auf der Baustelle oder in der nächsten Materialprüfungsanstalt untersucht werden. Da die eisernen Formen für flüssigen Beton wenig geeignet sind, hat man hölzerne Formen verwendet, um einen Zustand der Erhärtung zu verwirklichen, wie er bei der Ausführung vorliegt. Neuerdings werden auch Gipsplatten in die Formen eingelegt und der Beton in diese hineingegossen.

Alle diese Verfahren bringen jedoch nicht die Einflüsse der Bauausführung voll zur Geltung. Man hat daher in Österreich versucht, sich den praktischen Anforderungen der Bauausführung dadurch anzupassen, daß man die sogenannten Kontrollbalken herstellte und zur Prüfung der Betonfestigkeit verwandte.

Der Deutsche Ausschuß für Eisenbeton hat gleichfalls im Jahre 1912 mit Kontrollbalken Versuche gemacht und Querschnitte zugrunde

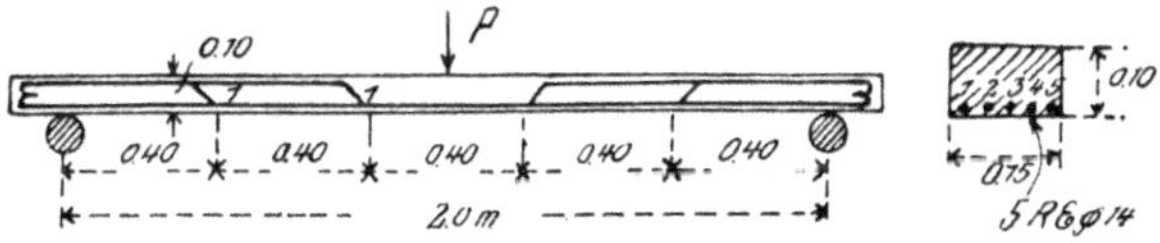

Abb. 40. Probebalken.

gelegt, wie sie aus der Abb. 40 zu entnehmen sind. Das Gewicht des Balkens war 90 kg. Die Versuche ergaben ein Verhältnis der Würfelfestigkeit zur Biegungsfestigkeit $\frac{\sigma_w}{\sigma_b}$ von 1,7 bei feuchter und 1,8 bei trockener Lagerung, also ungefähr Werte, wie sie den früher genannten Zahlen entsprechen.

In Deutschland ist die Prüfung mit Kontrollbalken nicht in größerem Maße eingeführt worden; man hat vielmehr bis jetzt die Prüfung an Würfeln beibehalten. In bezug auf die Beurteilung der Verbundmaterialien des Eisenbetons sind auch die Versuche von Interesse, die Prof. Saliger in Wien über die Wirkung der Armierung veröffentlicht hat:

Man versteht unter Armierungsprozentsatz das Verhältnis der Eisenfläche zur Betonfläche. Schwach armierte Balken haben einen

Armierungsprozentsatz bis 1 %, mittelstarke bis 2 % und stark armierte Balken von 2—4 %.

Die Versuche, die mit Rechteckbalken durchgeführt wurden, hatten folgende Ergebnisse:

1. Die Tragfähigkeit *schwach* und *mittelstark* bewehrter Balken ist durch den *Zugwiderstand* des Eisens begrenzt. Dieser reicht nicht wesentlich über die *Streckgrenze* des Eisens hinaus. Maßgebend für die Zerstörung eines solchen Balkens ist daher die Streckgrenze des Eisens.

2. Bei der in der Praxis üblichen schwachen Bewehrung unter 1 % wird die Festigkeit mittelguten Betons nur *unvollständig ausgenutzt.*

3. Eine *Verstärkung der Druckzone durch Eiseneinlagen* ist bei mittelstark zugbewehrten Balken so lange *wertlos*, als der Beton wenigstens mittlere Güte d. h. 170—180 kg/cm² Festigkeit aufweist. Daraus folgt, daß eine Druckbewehrung nur in *Ausnahmefällen* wirtschaftlich ist, da das Eisen in der Druckzone nur unvollkommen ausgenutzt wird.

4. Die Tragfestigkeit *stark* bewehrter Balken (2—4 %) hängt wesentlich vom Widerstand der Druckzone, also von der *Druckfestigkeit* des Betons ab.

F. Scherfestigkeit des Betons und des Eisenbetons.

Während bei Eisenkonstruktionen die Scherfestigkeit und Scherspannungen eine verhältnismäßig untergeordnete Rolle spielen, ist diese bei der Eisenbetonkonstruktion von *allergrößter* Bedeutung (Abb. 41).

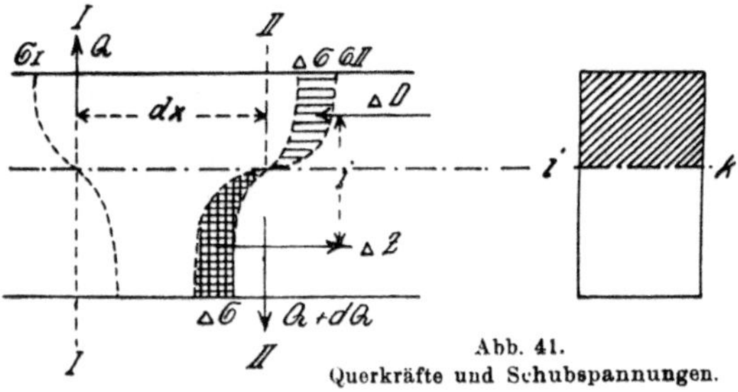

Abb. 41. Querkräfte und Schubspannungen.

Zwischen zwei Schnitten I und II eines auf Biegung beanspruchten Balkens entstehen auf der Druck- und Zugseite Differenzspannungen $\Delta\sigma$. Denkt man sich einen horizontalen Schnitt in der Nullinie *i—k*, so erkennt man, daß auch in dieser Schnittebene Spannungen auftreten, die zur Erhaltung des Gleichgewichts des abgeschnittenen Körperteiles nötig sind. Würde in der Schnittfuge *i—k* keine Widerstandsfähigkeit vorhanden sein, so würden die Kräfte ΔD und ΔZ den oberen und unteren Balkenteil gegeneinander verschieben, d. h. abscheren.

Die in dem Schnitt *i—k* auftretende *Scherspannung* ist nach den Gesetzen der Statik:

$$\tau = \frac{Q \cdot S}{J \cdot b}.$$

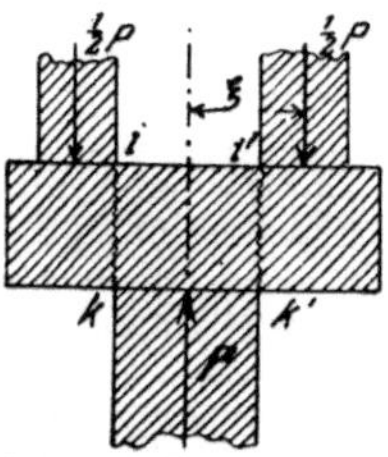
Abb. 42. Schubversuche.

Hierin ist τ die Scherspannung, Q die Querkraft, S das statische Moment des schraffierten Flächenteils bezüglich der Schwerachse, J das Trägheitsmoment und b die Breite des Balkens.

Als Maßstab für die zulässige Scherspannung

dient die *Scherfestigkeit* des Betons. Am einfachsten könnte diese in der in Abb. 42 dargestellten Weise ermittelt werden.

Man erkennt aber schon aus der Abbildung, daß in den Fugen $i-k$ und $i'-k'$ keine reinen Scherspannungen auftreten, da infolge des Momentes $\frac{1}{2} P \cdot \xi$ noch Biegungsspannungen hinzukommen.

Von Mörsch in vorstehend beschriebener Weise durchgeführte Versuche lieferten folgende Scherfestigkeiten:

Versuch	Mischung	Wasser	Alter	τ_b
I	1 : 3	14 %	2 Jahr	65,9 kg/cm²
II	1 : 4	14 %	$1^1/_2$ „	37,1 „

Wird ein Betonbalken gemäß Abb. 43 mit Eisen armiert, so zeigen Versuche, daß dadurch eine Erhöhung der Scherfestigkeit *nicht* eintritt, da bei der Zerstörung die Zugfestigkeit der Eisen nicht zur Geltung kommt. Von größter Bedeutung sind daher Versuche, wie sie ebenfalls von Mörsch durchgeführt wurden, um die wirkliche Scherfestigkeit des Betons zu ermitteln (Abb. 44).

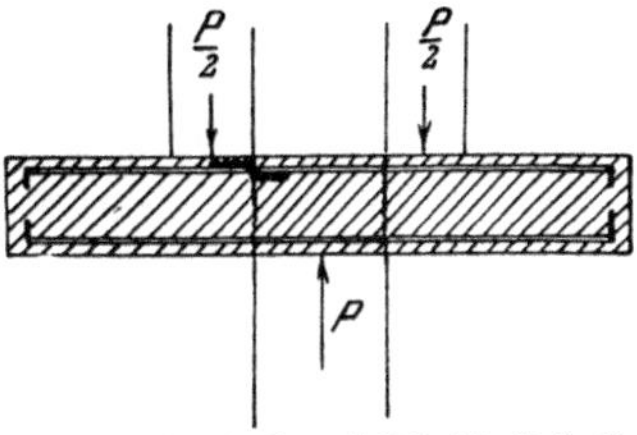

Abb. 43 Ermittelung d. Schubfestigkeit.

Gemäß Abb. 44 ist der Versuchsstab an beiden Enden gelagert und in der Mitte mit einer Einzellast belastet. Beiderseits der Mitte befindet sich in der Schwerachse des Stabes ein Schlitz, der nur an den Enden und in Stabmitte eine Stegverbindung von der Breite b und der Länge λ läßt.

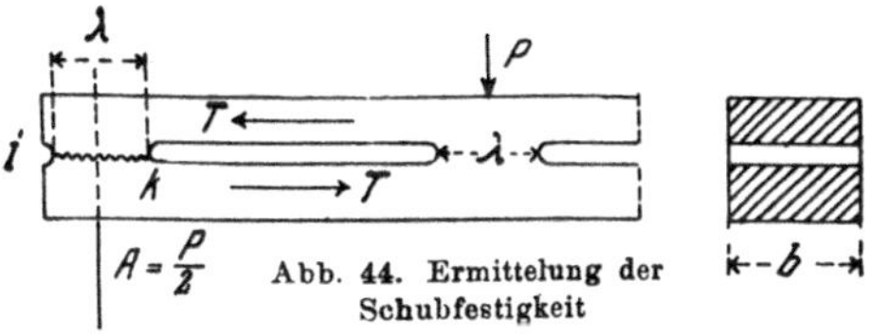

Abb. 44. Ermittelung der Schubfestigkeit

Aus der *Bruchlast* P kann man nun Schlüsse ziehen auf den Scherwiderstand in der Fuge $i-k$ der Stegverbindung über dem Auflager.

Die Auflagerkraft ist $\frac{P}{2}$. Die Schubspannung für die Längeneinheit ist also $\frac{P}{2} \cdot \frac{S}{J \cdot b}$.

Die gesamte Schubkraft erhalten wir also zu

$$T = \frac{P}{2} \cdot \frac{S}{J \cdot b} \cdot \frac{l}{2} \cdot b = \frac{P \cdot S \cdot l}{4 J}.$$

Diese Kraft T wirkt als Scherkraft auf die Fuge $i-k$, so daß sich die Scherspannung errechnet zu:

$$\tau = \frac{T}{\lambda \cdot b} = \frac{P \cdot S}{4 \cdot J} \cdot \frac{l}{b \cdot \lambda}.$$

Es kann sonach die Scherfestigkeit aus der Biegungsbruchlast errechnet werden.

Die in dieser Weise durchgeführten Versuche haben folgendes Ergebnis gehabt:

Mischung	1 : 3		1 : 4		1 : 7	
Wasserzusatz	8 %	14 %	8 %	14 %	8 %	14 %
Scherfestigkeit	36	30	31	28	26	19
Zugfestigkeit	12,6	10,5	9,2	8,8	4,4	5,5
Druckfestigkeit	280	195	220	153	127	88

Es ist hieraus zu erkennen, daß *die Scherfestigkeit mit zunehmendem Mischungsverhältnis wächst und daß sie mit steigendem Wassergehalt abnimmt.*

Die Scherfestigkeit des im Eisenbetonbau üblichen Betons kann nach 1 Monat Erhärtung mindestens zu 25 kg/cm² angesetzt werden.

Bei 5—6 facher Sicherheit ergibt sich eine *zulässige* Beanspruchung auf Abscherung von 4—5 kg/cm². Nach den Bestimmungen soll die Scherbeanspruchung nirgends größer sein als

$$\tau_b = 4 \text{ kg/cm}^2.$$

Bei größerer Scherbeanspruchung ist eine Armierung durch *Bügel* oder *abgebogene Eisen* erforderlich.

Zulässige Spannungen bei Eisenbetonkonstruktionen.

(vgl.: Bestimmungen für Ausführung von Bauwerken aus Beton und Eisenbeton vom 31. I. 1916, § 18)

Auf Grund der durch Versuche gefundenen Erkenntnis über die Festigkeitseigenschaften der Verbundmaterialien sind für die Ausführungen der Praxis in den Bestimmungen § 18 die zulässigen Beanspruchungen festgesetzt. Die wichtigsten Werte sind in der nachfolgenden Tabelle enthalten.

Voraussetzung:

Würfelfestigkeit	nach 28 Tagen	$\geq$ 150 kg/cm²
	„ 45 „	$>$ 180 „
bei Säulen und Stützen	„ 28 „	$>$ 180 „
	„ 45 „	$>$ 210 „

I. Zentrischer Druck:

$k_d^{45} \leqq 245$ kg/cm²	σ_b kg/cm²	$k_d^{45} \geqq 245$ kg/cm²	σ_b kg/cm²
a) bei Hochbauten (allgemein)	35	a) bei Hochbauten für Säulen und Stützen (anstatt 35 kg/cm²).	$\frac{1}{7} k_d < 50$
b) bei Säulen mehrgeschossiger Gebäude		b) bei Rahmen und Bögen (anstatt 40 kg/cm²)	$\frac{1}{6} k_d \leqq 50$
im Dachgeschoß . .	25		
unter dem Dachgeschoß	30		
in den übrigen Geschossen	35		
c) bei Stützen von Brücken	30		

II. Biegung und exzentrischer Druck:

Art des Bauwerks oder Bauteils	σ_b kg/cm²	σ_e kg/cm²
a) Hochbauten (einschließlich Fabriken) mit vorwiegend ruhender Last..........	40	1200
b) Rahmen und Bogen.	40	1200
c) Platten ($\delta < 10$ cm); Bauteile, die Stößen ausgesetzt sind (Haupttreppen, Tanzsäle, Fabriken usw.)	35	1000
d) Teile von Straßenbrücken mit starken Erschütterungen; sehr stark erschütterte sonstige Tragwerke, Durchfahrten...........	35	900
e) die übrigen Teile von Straßenbrücken.....	40	1000
f) Brücken unter Eisenbahngleisen (Schotterstärke > 30 cm) für Brücken, über die Lokomotiven der Hauptbahn fahren...........	30	750

III. Zulässige Spannungen bei ungünstigster Berechnung: d. h. außer Eigengewicht und Nutzlast werden Schnee, Wind, Reibungskräfte, Einfluß der Wärme und des Schwindens berücksichtigt:

30 % höher als unter I und II, jedoch $\sigma_b < 60$ kg/cm²

und $\sigma_e \leq 1200$ kg/cm².

IV. Zulässige Schub-, Haft- und Drehungsspannung:

Zulässige Schubspannung: $\tau_s = 4{,}0$ kg/cm²

„ Haftspannung: $\tau_h = 4{,}5$ „

„ Drehungsspannung: $\tau_d = 4{,}5$ „

G. Haftfestigkeit zwischen Eisen und Beton. Unter *Haftfestigkeit* versteht man die Erscheinung, daß ein in Beton einbetoniertes Eisen dem Herausziehen oder Herausdrücken einen beträchtlichen Widerstand entgegensetzt. Bei genügender Einbetonierungslänge kann dieser Widerstand so groß werden, daß eher die Zugfestigkeit als die Haftung am Umfang des Eisens überwunden wird.

Die *Ursachen* für die Haftung zwischen Eisen und Beton sind verschiedenartig. Bei Erhärtung an der Luft schwindet der Beton. Die Folge davon ist, daß das einbetonierte Eisen Druckspannungen bekommt, welche auf die Oberfläche des Eisens wirken und Reibungskräfte am Umfange des Eisens hervorrufen. Außerdem ist zu bedenken, daß die Eisenoberfläche niemals vollständig eben und glatt ist, so daß beim Zusammenziehen des Betons die kleinsten Teile desselben sich in die Unebenheiten hineinsetzen und dadurch den Scherwiderstand in dieser Berührungsfläche hervorrufen. Auch scheinen an der Berührungsfläche gewisse chemische Vorgänge stattzufinden, welche Widerstände bedingen, die als Haftung in Erscheinung treten.

Die Haftfestigkeit zwischen Beton und Eisen ist von großer Bedeutung für die *Verbundwirkung* der Konstruktion; auf ihr beruht zum großen Teile das einheitliche Zusammenwirken von Beton und Eisen. Es sind daher alle Mittel zu ergreifen, um bei der Ausführung die Haftfestigkeit nach Möglichkeit zu vergrößern und zu erhalten.

Bach hat grundlegende Haftfestigkeitsversuche angestellt, um die verschiedenen Einflüsse, welche die Haftfestigkeit bedingen, klarzulegen. Aus diesen Versuchen und aus den Beobachtungen während der Versuche hat Bach folgende **Regeln** für die *Haftfestigkeit* hergeleitet:

Die Haftungsgröße hängt ab:

1. von der *Beschaffenheit der Oberfläche* der Eisen: abgedrehte Stäbe haben nur etwa halb soviel Haftfestigkeit wie Stäbe mit Walzhaut;

2. von der *Eisenstärke:* je dicker das Eisen, um so größer ist die Haftung an der Oberflächeneinheit;

3. von der *Eisenlänge:* mit zunehmender Länge des einbetonierten Eisens nimmt die Haftfestigkeit (je Oberflächeneinheit) ab.

Bei der Beurteilung dieses Ergebnisses ist zu beachten, daß die Haftspannung sich *ungleichmäßig* über die Länge der Einspannung verteilt (Abb. 45), und daß daher bei wechselnder Länge λ der Mittelwert τ_h verschieden sein kann, während $\tau_h^{\max}$ eine gleichbleibende Größe ist.

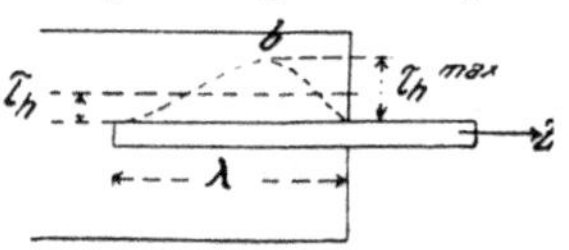

Abb. 45. Haftfestigkeit

4. vom *Wasserzusatz*: größerer Wasserzusatz verringert die Haftung;

5. von der *Kraftart:* die Haftung ist bei Druck größer als bei Zug, ferner ist sie größer bei schnell anwachsender als bei langsam steigender Kraft.

Da die Versuche nur mit 150 mm Eisenlänge durchgeführt worden sind, so können sie nicht genügen, um eine einwandfreie Größe der Haftspannung zu bekommen. Diese Bedenken haben eine Ergänzung der Bachschen Versuche veranlaßt. Mörsch hat die Haftfestigkeit aus Biegeversuchen gerechnet und den Wert gefunden:

$$\tau_h = 37{,}3 \text{ kg/qcm}.$$

Die aus Biegeversuchen gefundenen Haftspannungen, welche den tatsächlichen Werten nahekommen dürften, sind größer als die bei den Bachschen Versuchen ermittelten. Man kann daher mit einer Haftfestigkeit des Eisens im Beton von 30—40 kg/cm^2 rechnen. Danach richtet sich *die zulässige Haftspannung*, wie sie in den Bestimmungen vom 13. Januar 1916 festgesetzt ist. Diese soll die zulässige Schubspannung, also 4,5 kg/cm^2, nicht überschreiten.

In auf Biegung beanspruchten Querschnitten kann die Haftspannung wie folgt ermittelt werden. In Abb. 46 sei ein Teil eines Balkens dargestellt, aus dem ein Stück von der Länge dx herausgeschnitten ist. In dem Querschnitt I wirkt die Querkraft Q und in dem Querschnitt II die Querkraft $Q + dQ$. Die Nullinie bezeichnen wir mit $n - n$. Auf den Querschnitt I wirkt oberhalb der Nullinie die Druckspannung D_1, auf den Querschnitt II wirkt die Druckspannung D_2.

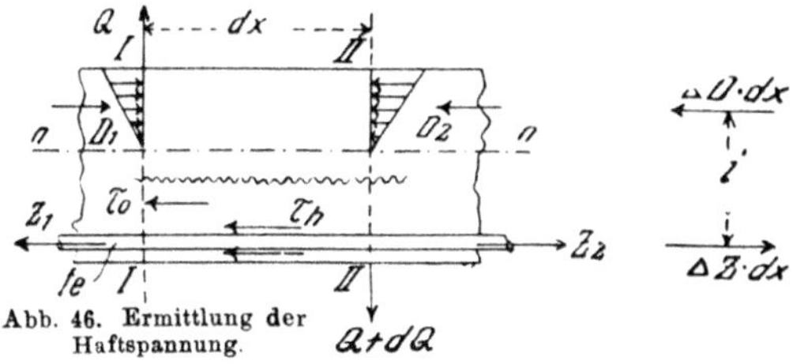

Abb. 46. Ermittlung der Haftspannung.

Auf den Eisenquerschnitt wirken die entsprechenden Kräfte Z_1 und Z_2. Die beiden Kräfte D_1 und D_2 können durch eine Kraft $\Delta D dx$ ersetzt werden, ebenso die Kräfte Z_1 und Z_2 durch $\Delta Z dx$. Dann bedeuten ΔD und ΔZ die Zunahme der Normalkräfte für die Längeneinheit des Balkens. Wenn man die Haftspannung mit τ_h und den Umfang der Eisen für die Längeneinheit mit U bezeichnet, erhält man zunächst die Beziehungen:

$$1. \quad \tau_h \cdot U\, dx = \Delta Z \cdot dx$$

oder

$$\tau_h = \frac{\Delta Z}{U};$$

$$2. \quad Q \cdot dx = \Delta Z \cdot dx \cdot i$$

oder

$$\Delta Z = \frac{Q}{i}.$$

Daraus folgt:

$$3. \quad \tau_h = \frac{Q}{i \cdot U}.$$

Die Haftspannung kann auch aus der Scherspannung τ_0 berechnet werden, denn unterhalb der Nullinie ist dieselbe so groß wie die Kraft ΔZ.

Die gesamte Scherkraft der Schnittfläche wird bei einer Breite des Balkens $= b$ erhalten zu

$$\tau_0 \cdot b \cdot dx = \Delta Z \cdot dx$$

oder $\Delta Z = \tau_0 \cdot b,$

woraus folgt

$$\tau_h = \frac{\tau_0 \cdot b}{U}.$$

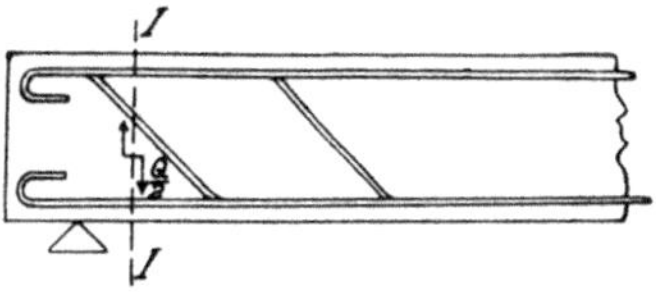

Abb. 47. Haftspannungen am Auflager.

Bei der Berechnung der Haftspannungen in der Nähe des Auflagers ist folgendes zu beachten (Abb. 47):

Die aufgebogenen Eisen übernehmen den größten Teil der Querkraft, genau wie bei dem Fachwerk die Gitterstäbe die Querkraft aufnehmen. Auf den Beton entfallen daher geringere Scherspannungen und auf die geraden Eisen geringere Haftspannungen, als der tatsächlich vorhandenen Querkraft entspricht. Es braucht daher erfahrungsgemäß am Auflager, falls die abgebogenen Eisen die ganzen schrägen Zugspannungen *allein* aufzunehmen vermögen, nur die *halbe* Querkraft zur Berechnung der Haftfestigkeit eingeführt zu werden:

Schnitt $I - I$ $$\tau_h = \frac{\frac{1}{2} Q}{i \cdot U}.$$

5. Schwinderscheinungen des Betons. Anfangs- und Temperaturspannungen.

Wenn der Zement an der Luft erhärtet, zieht er sich zusammen; er schwindet Das Schwindmaß kann durch Versuche festgestellt werden. Es beträgt *beim Erhärten an der Luft* nach Considère bei *reinem Zement* 1,5—2,0 mm auf 1 m und bei einer Mischung 1 T Zement : 3 T Sand = 0,3—0,5 mm auf 1 m.

Bei Erhärtung unter Wasser wird das Volumen des erhärteten Zementes größer; der Zement schwillt. Considère hat folgende Dehnungsmasse *bei Erhärten unter Wasser* festgestellt:

Mischung 1 : 3	nach 1 Monat	0,2 mm für 1 m
	nach 1 Jahr	0,3 mm für 1 m
	nach 3 Jahren	0,5—0,7 mm.

Auch der Beton schwindet beim Erhärten an der Luft und dehnt sich beim Erhärten unter Wasser aus.

Graf hat über die Volumenänderungen des Betons zusammenfassende Berichte in der Zeitschrift des Vereins deutscher Ingenieure 1912 Seite 2069 veröffentlicht. Er findet die Volumenänderung des Betons bei feuchter Lagerung erheblich kleiner als bei trockener Lagerung. Er hat ferner festgestellt, daß die Verlängerung bei Erhärtung unter Wasser und die Verkürzung bei Erhärtung an der Luft während der ganzen Beobachtungsdauer von 6 Jahren zunimmt.

Es betrug für den Beton mit einem Mischungsverhältnis 1 : 4 bei Erhärtung unter Wasser die Verlängerung bei 400 qcm Querschnitt 0,08 mm für 1 m und die Kürzung bei Erhärtung an der Luft 0,41 mm für 1 m. Von den gesamten innerhalb 6 Jahren auftretenden Längenänderungen entfallen auf das erste Jahr bei feuchter Lagerung 80 %.

Diese Erscheinungen sind von besonderer Wichtigkeit für die Eisenbetonkonstruktionen, da durch sie *Anfangsspannungen* des Betons und des Eisens hervorgerufen werden. Die durch das Schwinden hervorgerufenen Spannungen kann man sich wie folgt klarmachen (Abb. 48). Betrachtet man eine Betonsäule, in der eine Anzahl Eisen einbetoniert sind, so wird sich diese infolge des Schwindens um die Strecke Δl verkürzen, falls am Umfang der Eisen keine widerstehenden Kräfte auftreten. Die Eisen würden am oberen Ende des Stabes heraustreten. Während der Erhärtung tritt aber die Haftung am Umfange des Eisens auf, und infolgedessen wird auch das Eisen infolge der Formänderung des Betons eine Verkürzung um Δx und der Beton eine Verlängerung um $\Delta \lambda$ erleiden. Beim Erhärten an der Luft erhalten also die einbetonierten *Eisen Anfangsdruckspannungen*, der *Beton Anfangszugspannungen.*

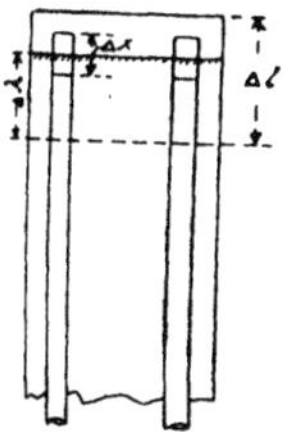

Abb. 48. Anfangsspannungen.

Umgekehrt ist es beim Erhärten im Wasser, da hierbei der Beton quillt, d. h. Verlängerungen erfährt. Hier wird zu beobachten sein, daß der *Beton Anfangsdruckspannungen* und das *Eisen Anfangszugspannungen* erfahren.

Die Größe dieser Anfangsspannungen festzustellen ist außerordentlich schwierig und einwandfrei noch nicht gelungen. Unter der Voraussetzung, daß die Haftspannung von vornherein in voller Größe vorhanden wäre, könnte aus der angegebenen Verlängerung des Betons und der Verkürzung der Eisen die Anfangsspannung berechnet werden. Da die Haftfestigkeit sich aber entsprechend der fortschreitenden Erhärtung erst bildet und vergrößert und erst bei vollständiger Erhärtung ihren Größenwert erreicht, so wird das Schwinden des Betons auf die Verkürzung der Eisen zu Beginn der Erhärtung noch von geringerem Einflusse sein.[1])

Temperaturspannungen. Es ist schon darauf hingewiesen worden, daß das günstige Zusammenwirken der Verbundkonstruktionen zum großen Teil darauf zurückzuführen ist, daß der Temperaturausdehnungskoeffizient von Beton und Eisen nahezu der gleiche ist.

Man kann für Beton den Temperaturausdehnungskoeffizienten 0,00001 für 1^0 C zugrunde legen (vgl. Heft 23 des Deutschen Ausschusses für Eisenbeton) und für Eisen 0,0000117 für 1^0 C.

Bei schnellem Temperaturwechsel ist zu beachten, daß der *Beton ein schlechter Wärmeleiter* ist. Es wird daher der Beton sich schneller ausdehnen als das im Inneren gelegene einbetonierte Eisen. Eine Temperaturerhöhung bedingt daher Zugspannungen, eine Temperaturverminderung Druckspannungen im Eisen. Man kann daher durch Temperaturerhöhungen den Anfangsspannungen

---

1) Graf stellt über die Anfangsspannungen folgende Rechnung an: In einem Querschnitt von 200/200 mm, in dessen Mitte ein Rundeisen von 20 mm einbetoniert war, hatte das Eisen unter Berücksichtigung der Längenänderung, die der Beton ohne das Eisen nach 6 Jahren hätte erfahren müssen, bei feuchter Lagerung eine Anfangsspannung von 472 kg/qcm.

Näheres über das Schwinden und Ausdehnen des Betons findet man in dem Heft 23 in dem Deutschen Ausschuß für Eisenbeton.

beim Erhärten im Trocknen zum Teil entgegenwirken. Es genügt bei Eisenbetonkonstruktionen im allgemeinen mit Temperaturschwankungen zu rechnen von

$$t = \pm 20^0 \text{ C}.$$

6. Schädliche äußere Einflüsse.

Als schädliche äußere Einflüsse kommen Frost, Hitze, chemische Einwirkung durch unreines Wasser (Grundwasser) und unter Umständen elektrischer Gleichstrom in Betracht. Auch Rost, Feuers- und Blitzgefahr müssen hierbei erwähnt werden.

A. Einwirkung des Frostes. Der Frost wirkt auf den Beton nur dann schädlich ein, wenn der Beton noch nicht abgebunden hat und noch feucht ist. Die Wirkung des Frostes besteht darin, daß das dem Beton beigemischte Wasser gefriert. Das Eis hat ein größeres Volumen als das Wasser, es wird also eine Sprengung der umhüllenden Betonschicht stattfinden und dadurch eine Zerstörung der Festigkeit eintreten. Aber auch in anderer Hinsicht wirkt der Frost noch schädlich auf den Beton ein. Es wird durch den Frost die Abbindezeit und die Erhärtungsdauer verlängert. Man pflegt daher, wenn bei einer Eisenbetonkonstruktion Frost eintritt, die Erhärtungsdauer um die Zeit der Frostperiode zu erhöhen. Bei gelindem Frost und wenn stärkerer Frost nicht in Bälde zu erwarten ist, kann man noch Eisenbetonkonstruktionen ausführen, da bei der Erhärtung durch chemische Einflüsse eine geringe Wärmeerhöhung eintritt. Es ist jedoch darauf zu achten, daß in dem verwendeten Sand oder Kiesmaterial keine gefrorenen Klumpen enthalten sind. Bei einer Kälte von -5^0 C sollte man jedoch die Arbeiten bei Eisenbetonkonstruktionen einstellen, falls nicht besondere Vorsichtsmaßregeln getroffen werden. Zu diesen Vorsichtsmaßregeln gehören besondere Bauhallen, die unter Umständen heizbar sind, oder folgende **Schutzmaßregeln:**

1. Das *Anwärmen* der zu verwendenden Materialien bis 40^0 (Sand, Steine und Wasser).

2. Verwendung von möglichst *wenig Anmachwasser* zum Beton.

3. Schutz der gestampften Teile vor den Einwirkungen der Kälte durch *Abdecken* der Konstruktionen mit Strohmatten, Heu, Sägemehl; bei gelindem Frost durch Abdeckung mit Zementsäcken, mit Pappe oder mit Bohlen.

4. *Zusätze zum Mörtelwasser*, um die Abbindezeit zu beschleunigen (Kochsalz, Soda oder Chlorkalzium). Kochsalz kann bis 2% Zusatz bei schwachem Frost (bis 2^0) und bis zu 8% Zusatz bei stärkerem Frost (bis 10^0) verwendet werden. Der Nachteil der Verwendung besteht darin, daß man keine ganz sauberen Ansichtsflächen bekommt, da das Kochsalz Ausblühungen und weißliche Flecken auf den Außenflächen verursacht. Um das Abbinden

zu beschleunigen, kann man auch Soda als Zusatz zum Anmachwasser bis zu 0,5 %, ferner Kalzium bis 5 % verwenden.

Versuche über Verwendung von Kochsalz sind in der Deutschen Bauzeitung 1919 Seite 35 veröffentlicht. Bei den verschiedenen Kochsalzzusätzen ergaben sich die folgenden Erhärtungszeiten:

Beschleunigung der Erhärtungsdauer.

Das Wasser enthielt Kochsalz	0 %	2 %	8 %
Wärmeerhöhung . . .	1,2°	1,6°	2,2°
Erhärtungsanfang . . .	$7\frac{3}{4}$ Std.	7 Std.	$6\frac{1}{4}$ Std.
Abbindedauer	$12\frac{1}{2}$ Std.	$11\frac{3}{4}$ Std.	11 Std.

Bei den Versuchen betrug die Luftwärme 17,41° C, die Wasserwärme 16,97° C und die Luftfeuchtigkeit 53,4° C.

Den Einfluß des Kochsalzes auf die Druckfestigkeit zeigt folgende Tabelle, der Versuche mit jeweils 3 Probekörpern gleicher Zusammensetzung zugrunde liegen. Die Druckfestigkeit nach 28 Tagen und 1 Jahr betrug:

Druckfestigkeit nach 28 Tagen			nach 1 Jahr					
0 % Kochs. ohne Frost	2 % Kochs. mit Frost	8 % Kochs. mit Frost	0 % Kochs. o.Fr.	0 % Kochs. m.Fr.	2 % Kochs. o.Fr.	2 % Kochs. m.Fr	8 % Kochs. o.Fr.	8 % Kochs. m.Fr.
290	140	200	374	330	485	417	460	507
280	140	210	421	339	493	431	480	536
300	150	220	446	372	480	446	470	489

B. Einfluß des elektrischen Gleichstroms. Wenn man Gleichstrom durch das Eisen des Eisenbetons hindurchschickt, so tritt, wie angestellte Versuche ergaben, an der positiven Elektrode Rostbildung ein, die den umhüllenden Beton absprengen kann. Es hat sich ferner gezeigt (vgl. Deutscher Ausschuß für Eisenbeton Heft 15), daß Gleichstrom von 0,1 Amp. in 50—100 Tagen Risse erzeugt. Der Widerstand betrug zu Beginn der Versuche nur 100 bis 200 Ohm und nach Austrocknung des Betons 30000 bis 60000 Ohm.

Für die üblichen Eisenbetonkonstruktionen liegt nach bisher bekannt gewordenen Erfahrungen keine Veranlassung vor, eine schädliche Einwirkung des elektrischen Stromes anzunehmen, wenn bei Ausführung der elektrischen Anlagen die Isolierungen und sonstigen Sicherungen einwandfrei sind und insbesondere das Auftreten der vagabundierenden Ströme vermieden wird.

C. Einfluß von Rost, Feuer und Blitz. *a) Rostgefahr.* Die Rostbildung schädigt die Eisenbetonkonstruktion insofern, als der Rost ein größeres Volumen als das Eisen hat und infolgedessen Absplitterungen des Betons stattfinden. Die Rostbildung wird durch schädliche Beimengungen der Rohstoffe gefördert.

Solche Beimengungen sind Schlacken und Aschenrückstände. Es sollten deshalb im allgemeinen solche Beimengungen nicht zu Eisenbetonkonstruktionen verwendet werden. Namentlich sind solche Schlacken gefährlich, die Schwefelbeimengungen enthalten. Um einen guten Rostschutz zu erzielen, sind folgende Maßnahmen zweckmäßig:

Eine nicht zu trockene Mischung des Betons (12—15% Wassergehalt). Eine nicht zu magere Mischung (Mischungsverhältnis 1 : 5 nicht überschreiten). Genügende Überdeckung der Eisen. Auch die Oberflächenbeschaffenheit des Eisens ist von Einfluß auf die Rostbildung und zwar hat sich merkwürdigerweise gezeigt, daß alle blank geputzten Eisen eher rosten als die mit Walzhaut bedeckten.

b) Feuersicherheit. Laboratoriumsversuche haben erwiesen, daß Eisenbeton in hohem Maße feuersicher ist. Bei länger andauernden Hitzegraden wird zwar die äußere Schale des Betons abgesprengt, doch bleibt die Tragkraft der Konstruktion bis zu einem gewissen Grade bestehen. Bei sehr lang andauernder großer Hitze wird auch das Eisen weich und der Beton verliert wesentlich an Festigkeit. Dann wird selbstverständlich auch die Eisenbetonkonstruktion in ihrer Tragkraft erschöpft.

Festigkeit des Betons bei größeren Wärmegraden.

Temperatur	17°	100°	150°	200°	300°	500°	700°	1000°
Druckfestigkeit in kg/cm²	374	370	425	424	379	304	171	47

Mischung 1 : 3. Alter: 3 Monate.

c) Blitzgefahr. Man hat mitunter die Ansicht vertreten, daß Eisenbetonkonstruktionen dem Blitz in erhöhtem Maße ausgesetzt seien. Wenn man dafür sorgt, daß alle Teile leitend miteinander in Verbindung stehen und daß die Fundamente an das Grundwasser angeschlossen werden oder der elektrische Strom in die Erde verteilt wird, dann ist keine erhöhte Blitzgefahr zu befürchten.

D. Sonstige schädliche Einflüsse. Es sind noch weitere schädliche Einflüsse auf Beton und Eisenbetonkonstruktionen zu erwähnen, welche bei der Ausführung Beachtung finden müssen. Vielfach finden sich an der Oberfläche des Betons weißliche oder gelbliche *Ausblühungen*, welche dadurch entstehen, daß Wasser den Beton durchdringt, im Inneren Salze löst und diese beim Verdunsten an der Oberfläche ausscheidet. Auch bei schnellem Erhärten größerer Betonkörper entstehen diese Ausscheidungen dadurch, daß der Beton an der Oberfläche schneller erhärtet als im Inneren und infolge hygroskopischer Wirkung das noch nicht chemisch gebundene Wasser aus dem Inneren an die Oberfläche gelangt. Derartige Ausscheidungen findet man vielfach in den

Trennungsfugen größerer Bauten. Sie können durch Abwaschen mit verdünnter Salzsäure beseitigt werden.

Auch die Luft kann unter Umständen, namentlich in industriereichen Gegenden oder in der Nähe größerer Bahnhöfe, *schädliche Gase*, insbesondere Schwefeldioxyd enthalten, welche zerstörend auf den Beton einwirken. Durch sorgfältige Entlüftung der Bauten kann diesen Schäden entgegengearbeitet werden.

Besondere Beachtung verdienen die schädlichen Einwirkungen, welche das *Grundwasser* in manchen Bodenarten bewirken kann. In moorigem Boden ist es vielfach freie Schwefelsäure und Huminsäure, in anderen Grundwässern freie Kohlensäure, welche zersetzend auf den kohlensauren Kalk des Betons einwirkt und dadurch Zerstörungen an den Bauten bedingt. In solchen Fällen ist es nötig, den Beton gegen die Einwirkungen des Grundwassers zu schützen, was durch Traßzusatz, durch Anstrich oder durch wasserdichte Abdeckungen mit Isolierpappe und dergleichen geschehen kann.

7. Wasserdichtigkeit der Eisenbetonkonstruktionen.

Bei manchen Konstruktionen wird von Eisenbetonbauten *Wasserdichtigkeit* verlangt, z. B. bei Rohrleitungen, Wasserbehältern und dergleichen. Wasserdicht ist eigentlich nur ein Beton im Mischungsverhältnis 1 : $1^1/_2$ bis 1 : 2; derartige Mischungen würden aber sehr teuer werden. Man verwendet daher die üblichen Mischungsverhältnisse und führt nur einen wasserdichten Verputz aus, durch den die Dichtigkeit erzielt wird.

Als gute *Verputzmischung* kann fetter Zementmörtel im Mischungsverhältnis 1 : 2 und 2 : 3 verwendet werden in einer Stärke von 10—20 mm.

Das Auftragen der wasserdichten Haut muß sehr sorgfältig und sachgemäß erfolgen. Es muß die Fläche, auf die man aufträgt, von Erde und Schmutz gereinigt und gründlich angenäßt sein. Ferner muß beim Auftragen des Verputzes dessen Oberfläche geglättet und gebügelt werden, so daß alle Öffnungen geschlossen sind. Die Herstellung wasserdichter Verputzarbeiten erfordert auf alle Fälle größte Erfahrung und geschulte Arbeitskräfte.

Eine größere Dichtung kann ferner durch Zusätze von Kalk und Traß erzielt werden. Folgendes Mischungsverhältnis ist zu empfehlen:

Mischung für wasserdichten Verputz

1 Zement : $^1/_2$ hydr. Kalk : 4 Sand

oder 1 Zement : 1 Traß : 5 Sand.

Bei Bauten in Grundwasser verwendet man außerdem noch Asphaltpappe, Teeranstrich und ähnliche Dichtungsmittel. Auch eine Umhüllung des ganzen Bauwesens oder Teile desselben mit Tonschlag erweist sich in manchen Fällen als nützlich.

II. Statische Berechnung der Eisenbetonkonstruktionen.

8. Grundlagen der statischen Berechnung.

Die Grundlagen der statischen Berechnung der Eisenbetonkonstruktionen sind nicht so einfach und feststehend wie diejenigen für die Eisenkonstruktionen. Die wichtigsten Voraussetzungen, die bei den Eisenbetonkonstruktionen gemacht werden, sind:

1. Die ursprünglich ebenen Querschnitte der Konstruktion bleiben auch nach der Formänderung eben.
2. Die Elastizitätszahl des Betons wird bei Druck- und Zugbeanspruchungen als gleichbleibend angenommen.
3. Die Dehnungen sind proportional den Spannungen (Hookesches Gesetz).
4. Die Anfangsspannungen, die beim Erhärten des Betons und Eisenbetons entstehen, bleiben bei der Berechnung der Spannungen unberücksichtigt.
5. Die Zugspannungen des Betons werden im allgemeinen vernachlässigt.

Entsprechend diesen Voraussetzungen ist nur eine sehr *angenäherte* Berechnung der Eisenbetonkonstruktionen möglich, und man wird hierauf bei Festsetzung des Sicherheitsgrades und der zulässigen Beanspruchungen Rücksicht zu nehmen haben. —

Wenn eine Eisenbetonkonstruktion bis zum *Bruch* belastet wird, können wir folgende vier Phasen unterscheiden (Abb. 49). In der *ersten Phase* der Belastung haben wir verhältnismäßig geringe Spannungen. Die Zugspannungen des Betons σ_{bz} sind noch so klein, daß sie unterhalb der Biegungszugfestigkeit ($= 24$ kg/cm^2) bleiben. In diesem Stadium ist die Konstruktion noch frei von Rissen. — Belastet man den Balken weiter *(Phase IIa)*, so überschreitet die Zugspannung des Betons die Festigkeitsgrenze. Es entstehen auf der Zugseite die ersten Haarrisse, die nur wenig tief in den Beton eindringen. Infolge davon, daß die Betonspannungen nicht mehr voll auf der Zugseite in Wirksamkeit treten, rückt die Nullinie höher, also $x_1 > x_2$.

Bei weiterer Belastung *(Phase IIb)* werden die Risse, die auf der Zugseite des Betons entstanden sind, sich der Zahl nach vergrößern, sie werden tiefer eindringen und schließlich an einzelnen Stellen bis zur Nullinie gelangen. Die Nullinie hat sich noch weiter nach dem oberen Rande bewegt. Die Phase IIb wird in der Regel den Berechnungen zugrunde gelegt. Die Eisenspannungen sind hierbei $\sigma_e < 1200$ kg/cm^2.

Belastet man noch weiter *(Phase III)*, so nehmen die Spannungen auf der Druckseite weiter zu; die Eisenspannungen wachsen über die Proportionalitätsgrenze hinaus und erreichen schließlich die Fließgrenze, etwa = 2500 bis 2700 kg/cm². Die Druckspannungen σ_{bd} liegen hierbei noch unterhalb der Druckfestigkeit.

Infolge davon, daß die Eisenspannungen an der Fließgrenze angelangt sind, wird der Stab starke Formänderungen erleiden, ohne daß die Belastung wesentlich erhöht zu werden braucht. — Weitere Belastung führt nun schnell zu *Phase IV*, der Bruchphase. Es entstehen im oberen Teile des Balkens Druckspannungen, die die Festigkeitsgrenze des Betons erreichen. Damit wird der Beton auch in der Druckzone zerstört und die Tragfähigkeit des Balkens erschöpft.

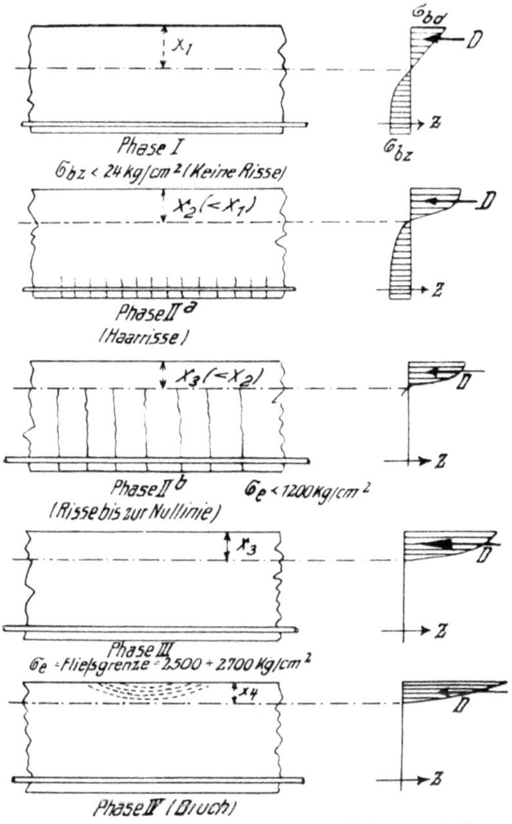

Abb. 49. Spannungszustände bei den einzelnen Belastungsstufen.

Grundlegend für die statische Berechnung ist die Phase IIb.

Mitunter wird jedoch gefordert, daß Zugrisse überhaupt nicht entstehen sollen. In diesen Fällen muß *Phase I* zugrunde gelegt werden. In Abb. 49 wurde der Spannungsverlauf durch Kurven dargestellt. Wir ersetzen jedoch bei unseren Berechnungen die Kurven durch gerade Linien, indem wir die Spannungen proportional den Dehnungen annehmen.

Wichtig für die Berechnung ist das Verhältnis der Elastizitätszahlen des Betons zu denen des Eisens.

Für Flußeisen ist

$$E_e = 2150000 \text{ kg/cm}^2.$$

Grenzwerte sind für Eisen bei *Zug- und Druckbeanspruchungen*

$$E_e = 2000000 \text{ bis } 2200000 \text{ kg/cm}^2$$

und für Beton bei *Druckbeanspruchungen*

$$E_b = 300000 \text{ bis } 150000 \text{ kg/cm}^2.$$

Im allgemeinen setzt man das Verhältnis

$$n = \frac{E_e}{E_b} = 15.$$

Dieser Wert entspricht einer Elastizitätszahl des Betons von etwa 150000 kg/cm², also einem Wert, der erst bei ziemlich hohen Beanspruchungen auftritt, nämlich bei $\sigma_b =$ etwa 60 kg/cm². Derartig hohe Beanspruchungen sind aber meist unzulässig. In der Phase II haben wir kleinere Beanspruchungen des Betons. Der Phase II entspricht:

$$n = \frac{E_e}{E_b} = \frac{2150000}{215000} = 10,$$

ein Wert, der bei der Berechnung statisch unbestimmter Größen und von Formänderungen anzunehmen ist.

Abb. 50. Formänderung bei Biegung.

Nachstehend mögen die grundlegenden Formeln für die Berechnung der auf Biegung beanspruchten Eisenbetonstäbe entwickelt werden. In Abb. 50 sei ein Stück eines Eisenbetonstabes dargestellt; auf der Zugseite liegen die Eisen, deren Gesamtquerschnitt mit F_e bezeichnet ist. Wir setzen voraus, daß die Querschnitte eben bleiben. Bei konstanten Elastizitätszahlen werden sich also die Dehnungen in den einzelnen Fasern wie die Abstände von der Spannungsnullinie verhalten. Es verhält sich also

$$\frac{\alpha_b}{\alpha_e} = \frac{x}{y}.$$

α_b ist die Verkürzung am oberen Rande; ferner ist

$$\alpha_b = \frac{\sigma_{bd}}{E_b} \quad \text{und} \quad \alpha_e = \frac{\sigma_e}{E_e}.$$

Setzt man diese Werte ein, dann wird

$$\frac{\sigma_{bd}}{\sigma_e} \cdot \frac{E_e}{E_b} = \frac{x}{y};$$

hieraus folgen die beiden für die weiteren Berechnungen grundlegenden Beziehungen:

$$\sigma_{bd} = \frac{1}{n} \cdot \frac{x}{y} \cdot \sigma_e$$

$$\sigma_e = n \cdot \frac{y}{x} \cdot \sigma_{bd}$$

Diese Beziehungen führen zu einer Berechnungsmethode, deren Anwendung besonders zu empfehlen ist. Ersetzt man nämlich den Eisenquerschnitt auf der Zugseite (Abb. 51) durch einen gedachten zugfesten Betonquerschnitt, der n mal so groß wie der vorhandene Eisenquerschnitt ist, dann erhält man einen Gesamtquerschnitt, der als homogen angesehen werden kann und der aus zwei getrennten Teilen besteht, der Druckzone aus Beton und einer gedachten Zugzone ebenfalls aus Beton, deren Fläche $= n \cdot F_e$ ist. Diesen Querschnitt nennen wir den *ideellen Betonquerschnitt.* Bei Einführung dieses Querschnittes kann man sämtliche Rechnungen im Eisenbetonbau auf die bekannten Rechnungsgrundlagen homogener Querschnitte zurückführen. Es muß sein:

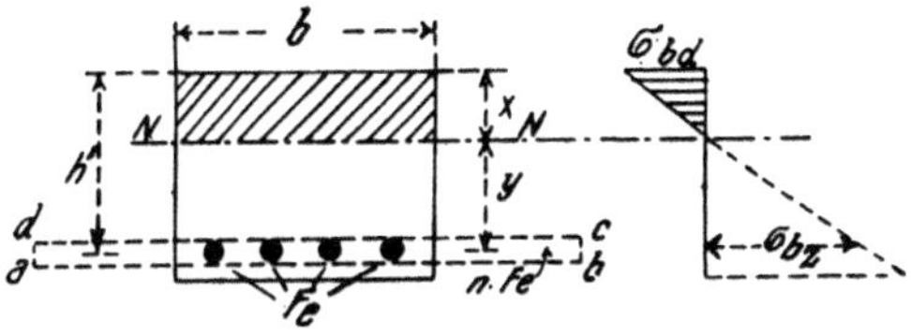

Abb. 51. Spannungsverteilung.

$$Z = \sigma_e \cdot F_e = n \cdot F_e \cdot \sigma'_{bz}$$

wenn
$$\sigma'_{bz} = \frac{1}{n} \cdot \sigma_e$$

ist. Es sei ferner F_i die Fläche des wirksamen ideellen Betonquerschnittes mit ihrem Widerstandsmoment W_i und ihrem Trägheitsmoment J_i. Dann erhält man folgende grundlegenden Formeln des Eisenbetonbaues:

$$F_i = F_b + n \cdot F_e$$

1. bei Druckstäben

$$\sigma_{bd} = \frac{P}{F_i} \qquad \sigma_e = n \cdot \sigma_{bd}$$

2. bei auf Biegung beanspruchten Stäben

$$\sigma_{bd} = \frac{M}{W_i} = \frac{M}{J_i} \cdot x$$

$$\sigma_e = \frac{M}{J_i} \cdot y \cdot n$$

(vgl. Abb. 51)

Hierbei vernachlässigt man die geringe Schwächung, die der Gesamtquerschnitt durch die Eisen erfährt.

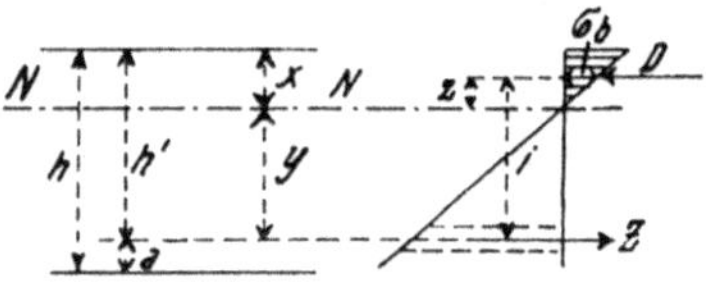

Abb. 52. Lage der Nullinie.

Zur Bestimmung der Lage der Nullinie betrachte man den in Abb. 52 dargestellten Balkenteil von der Breite b. Aus der Theorie der homogenen Träger ist bekannt, daß bei auf reine Biegung beanspruchten Trägern die Nullinie mit der Schwerlinie des Querschnitts zusammenfällt. Die Nullinie des ideellen Querschnitts muß also dessen Schwerlinie sein. Man erhält folgende Beziehungen zur Bestimmung der Nullinie

$$b \cdot x \cdot \frac{x}{2} = n \cdot F_e \cdot (h' - x) \qquad \text{und hieraus}$$

$$\boxed{x = \frac{n \cdot F_e}{b}\left(-1 + \sqrt{1 + \frac{2bh'}{n \cdot F_e}}\right)}.$$

Das Trägheitsmoment ist nunmehr

$$\boxed{J_i = \frac{b \cdot x^3}{3} + n \cdot F_e \cdot (h' - x)^2}.$$

Mithin ist die Betonspannung in der Entfernung z von der Nulllinie

$$\sigma_b = \frac{M}{J_i} \cdot z$$

und die Eisenspannung $\qquad \sigma_e = n \cdot \frac{M}{J_i} \cdot y.$

Das preußische Ministerium der öffentlichen Arbeiten hat einen Erlaß vom 3. Juni 1919 herausgegeben, in dem dieser Berechnungsgang zugrunde gelegt und an Musterbeispielen erläutert ist.

9. Axiale Druckbeanspruchung.

Eine Säule sei im Schwerpunkt des Querschnittes parallel zur Achse der Konstruktion durch eine Kraft P beansprucht. Unter der Belastung wird die Säule ihre Form ändern; Beton und Eisen werden zusammengedrückt. In den Ecken dieser Säule mögen vier Eisen liegen, deren Gesamtquerschnitt F_e ist. Der Betonquerschnitt, bei dessen Berechnung die Querschnittsverminderung durch die Längseisen vernachlässigt werden darf, sei F_b (Abb. 53). Unter der Voraussetzung, daß die Querschnitte auch nach der Formänderung eben bleiben, ergeben sich folgende Gleichungen

$$P = \sigma_b \cdot F_b + \sigma_e \cdot F_e \tag{1}$$

da $\sigma_e = n \cdot \sigma_b$

so folgt $P = \sigma_b (F_b + n F_e)$ (2)

oder $P = \sigma_b \cdot F_i$.

Hierbei setzen wir $n = 15$.

Die zulässige Betonspannung σ_b schwankt zwischen 25 und 35 kg/cm² (§ 18, Nr. 3 der Bestimmungen).

Bei der Armierung derartiger Säulen (Abb. 54) ist zu beachten, daß die Längsarmierung in einem gewissen Verhältnis zu dem Betonquerschnitt stehen muß. Die Bestimmungen sagen darüber, daß F_e größer sein soll als 0,8% und kleiner als 3% von F_b. Obwohl nach den Formeln die Festigkeit einer Säule nur von dem Beton- und Längsquerschnitt abzuhängen scheint, so spielt doch die *Querarmierung* durch Bügel eine außerordentlich wichtige Rolle. Die Bügel müssen die Längseisen am Ausknicken hindern und sollen die Säule in einzelne Würfel aufteilen, so daß die Würfelfestigkeit des Betons wiederhergestellt wird. Damit die Bügel diese beiden Aufgaben leisten können, darf ihre Entfernung nicht zu groß sein. Nach den „Bestimmungen" muß sie zwischen 12d und der kleinsten Querschnittabmessung liegen (d = Durchmesser der Längseisen).

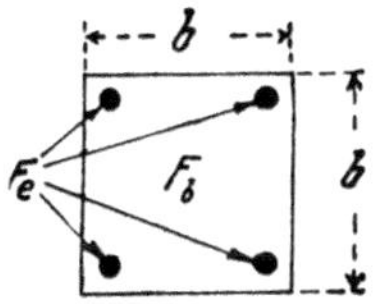

Abb. 53. Säule mit Bügelarmierung.

Die Bügelstärke wird in der Regel 5—10 mm gewählt. Man ordnet die Bügel entweder als Schleifenbügel (Abb. 54) an, indem man immer 2 Rundeisen durch den Bügel umfaßt, oder man führt den Bügel als Umschließungsbügel (Abb. 55) aus, indem man die Rundeisen, welche die Bügel bilden, außen um die Längseisen der Säule herumlegt. Für die Bügel hat man auch andere Ausführungen vorgeschlagen (Flacheisen, zusammengedrehte doppelte Rundeisen u. a.), die jedoch in der Praxis weniger Bedeutung gewonnen haben.

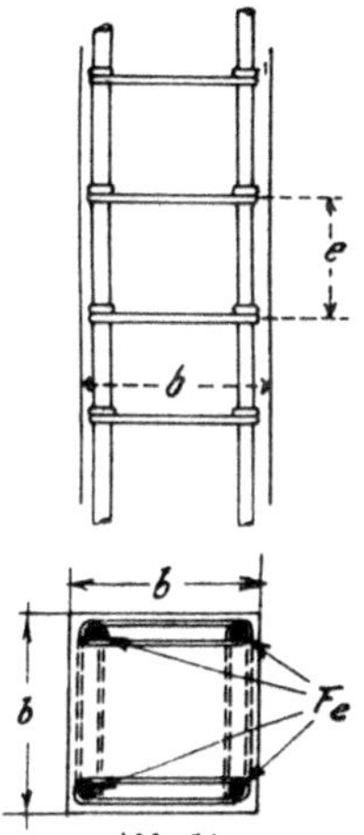

Abb. 54. Schleifenbügel.

Eine besondere Beachtung verdienen die spiralarmierten Säulen. Statt der einzelnen Bügel kann man eine Spirale verwenden. Derartige Spiralen sind aber nur dann wirksam, wenn sie kreisförmige Querschnitte umschließen.

Abb. 55. Umschließungsbügel.

Es sei:

D = Durchmesser der Spirale (Abb. 56) von Mitte zu Mitte des Eisens gemessen,

s = die Ganghöhe,

F_b = der Gesamtbetonquerschnitt,

$F_k = \frac{\pi D^2}{4}$ = Kernquerschnitt,

F_e = Gesamtquerschnitt des Längseisens,

F_s = der gesamte Querschnitt gedachter Längseisen, deren Gewicht dem der Spiralen entspricht.

Falls F_e' = Querschnitt des Spiraleisens ist, dann muß also sein

$$F_s = \frac{\pi D \cdot F_e'}{s}.$$

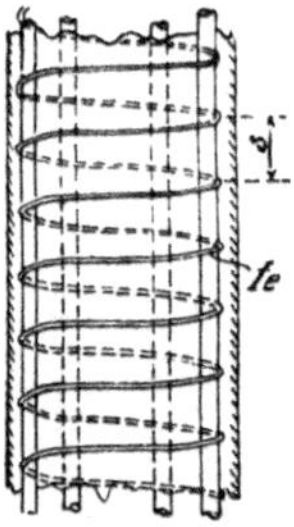

σ_b sei die zulässige Beanspruchung des Betons. Da durch die Wirkung der Spiralen die Querdehnung des Betons gehindert wird, so folgt eine erhöhte Festigkeit desselben in der Längsrichtung der Säule. Auf Grund von Versuchsergebnissen kann für die Berechnung der Tragfähigkeit derartiger Säulen folgender ideelle Betonquerschnitt zugrunde gelegt werden:

$$F_i = F_k + 15 \cdot F_e + 45 \cdot F_s.$$

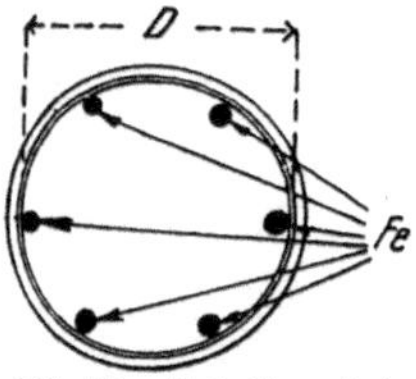

Abb. 56. Spiralbewehrte Säule.

Hieraus ergibt sich die zulässige Nutzlast zu

$$P = \sigma_b \cdot F_i.$$

Damit diese Wirkung erzielt wird, müssen wir gewisse Einschränkungen für die Ausführung machen. Diese sind folgende:

1. $F_i \leqq 2 F_b$.

2. Die Ganghöhe der Spirale darf nicht zu hoch sein; es soll sich verhalten: $\frac{s}{D} \leqq \frac{1}{5}$; praktische Werte liegen zwischen $\frac{1}{7}$ und $\frac{1}{9}$.

3. Die Ganghöhe muß kleiner sein als 8 cm.

4. Es muß ein bestimmtes Verhältnis bestehen zwischen der Längs- und der Querarmierung, nämlich $F_e \geqq \frac{1}{3} F_s$.

Versuche haben gezeigt, daß es zweckmäßig ist, F_s zu 2 bis 3 % von F_k zu wählen.

Nach **Mörsch** soll der Gesamteisenquerschnitt

$F_e + F_s$ zwischen 1,8 % und 4,44 % von F_k liegen.

Spiralarmierte Säulen sind der Firma Wayß und Freytag patentiert (Vgl. Abb. 56).

Bei der Berechnung von Säulen ist außer der Berechnung auf Druckbeanspruchung auch evtl. Knickgefahr zu berücksichtigen, wenn das Verhältnis der Länge zum Durchmesser der Säule ein größeres wird. Die „Vorschriften" sagen darüber in § 17, Nr. 9 folgendes:

Falls die Länge der Säule l die 15fache kleinste Querschnittsabmessung überschreitet, dann soll eine Berechnung der Säule auf Knickfestigkeit eintreten und zwar kann hierbei die Eulersche Gleichung benutzt werden.

$$P = \frac{\pi^2 \cdot E \cdot J}{S \cdot l^2}.$$

Hieraus findet man: $$J = \frac{S \cdot P \cdot l^2}{\pi^2 \cdot E}.$$

S = Sicherheitsgrad muß bei Eisenbetonsäulen mit Rücksicht auf die Ungleichmäßigkeiten in der Beschaffenheit des Materials ziemlich groß gewählt werden. Das Elastizitätsmaß E ist mit 140000 kg/cm² anzusetzen.

Setzt man P in t, l in m ein, so wird bei $S = 10$

$$J\,(\mathrm{cm}^4) = 70 \cdot P \cdot l^2.$$

Außer der reinen Druckbeanspruchung sollten aber bei einer Säule auch *Biegungsbeanspruchungen* berücksichtigt werden. In den allermeisten Fällen wird die Last nicht durchaus zentrisch aufgebracht werden können. Es werden zufällige Verbiegungen der Stabachse, Ungleichheiten des Materials und der Herstellung zu berücksichtigen sein. Besonders bei längeren Säulen ist in dieser Hinsicht Vorsicht geboten. Wenn eine exzentrische Belastung vorliegt (Abb. 57), dann wird

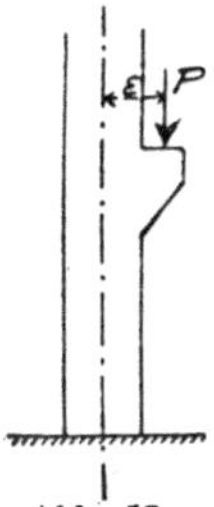

Abb. 57. Exzentrisch belastete Säule

$$\sigma_b = \frac{P}{F_i} + \frac{M}{W_i}.$$

Falls die Länge der Stütze $l \geqq 20d$ ist (d = kleinste Querschnittsabmessung), so muß gemäß § 17, Nr. 10 das vorhandene Biegungsmoment M vergrößert werden um

$$M' = \frac{P \cdot l}{200}.$$

Die Betonrandspannungen berechnen sich sonach bei langen Säulen zu

$$\sigma_b = \frac{P}{F_i} \pm \frac{M + M'}{W_i} = \frac{P}{F_i} \pm \frac{M + \frac{Pl}{200}}{W_i}.$$

F_i und W_i sind der ideelle Querschnitt und das ideelle Widerstandsmoment.

Für eine runde Säule würden z. B. die maßgebenden Querschnittsgrößen wie folgt zu berechnen sein:

Die Entfernungen der Eisen von der Mittellinie seien r_1, r_2, r_3; ein Eisen habe den Querschnitt fe; die Eisenquerschnitte seien sämt-

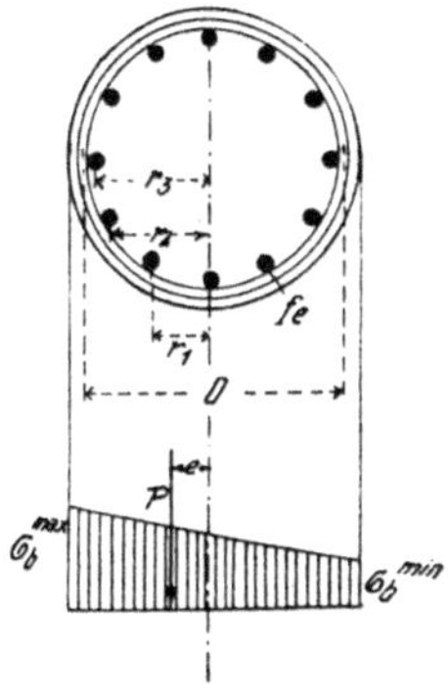

Abb. 58. Spannungsverteilung.

lich einander gleich. Unter Vernachlässigung der äußeren Betonschale und mit Berücksichtigung der Bezeichnungen der Abb. 58 wird:

$$F_i = F_k + 15 \cdot \Sigma fe + 45 F_s$$

$$W_i = \frac{J_i}{\frac{1}{2} D} = \frac{\frac{\pi D^4}{64} + \Sigma n \cdot f_e \cdot r^2}{\frac{1}{2} D}$$

$$= \frac{D^3}{10} + \frac{n \cdot fe \, \Sigma r^2}{\frac{1}{2} D}.$$

Hierbei ist angenommen, daß Zugspannungen in dem Querschnitt nicht auftreten, daß also die Exzentrizität genügend klein bleibt.

10. Biegungsbeanspruchung.

A. Berechnung des einfach armierten Balkens. Es seien folgende Bezeichnungen gewählt (Abb. 59)

Balkenhöhe . . . . h

Balkenbreite . . . . b

Entfernung des oberen Randes von der Mitte der Eisen . . h'

" " " " " " Nullinie x

" " unteren " " " Mitte der Eisen . . a

Gesamtquerschnitt der Eisen . . . . F_e

Die Zugkraft (angreifend in der Schwerlinie der Eisen) . . Z

Die Zugspannung der Eisen . . . . σ_e

Die Druckspannung am oberen Rande . . . . σ_b

Die Resultierende der Druckspannungen . . . . D

Der Hebelarm zwischen Z und D i

(Wird das in Abb. 59 dargestellte Spannungsdiagramm auf den *ideellen* Betonquerschnitt angewandt, so wird die Spannung in dessen Zugzone . . . . $\sigma_{bz}' = \frac{Z}{n \cdot F_e} = \frac{\sigma_e}{n}$.)

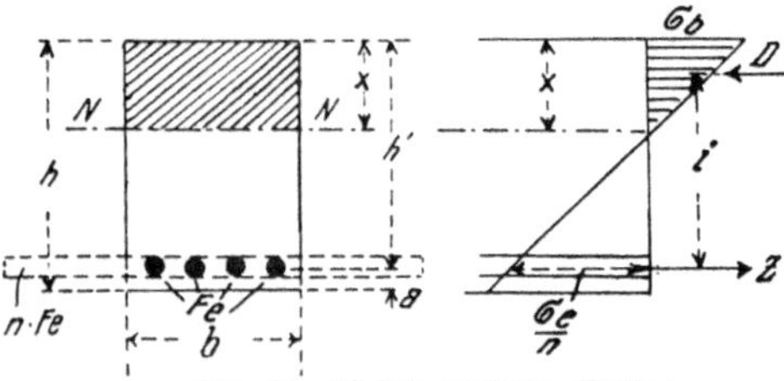

Abb. 59. Einfach armierter Balken.

Auf den zu berechnenden einfach armierten Träger mögen nur vertikal nach unten gerichtete Kräfte wirken.

a) *Formeln zur Berechnung der Spannungen bei gegebenen Querschnittabmessungen* (bekannt: M, b, h, h' und F_e; gesucht x, σ_b und σ_e). Zur Bestimmung der drei Unbekannten x, σ_b und σ_e sind drei Gleichungen erforderlich:

1. Die Summe aller Horizontalkomponenten der Spannungen muß gleich 0 sein:

$$-D + Z = 0; \; D = Z.$$

2. Das Moment der äußeren Kräfte ist gleich dem Moment der inneren Spannungen:

$M = D \cdot i = Z \cdot i$; da $Z = F_e \cdot \sigma_e$ und $i = h' - \frac{x}{3}$ ist, so wird

$$M = F_e \cdot \sigma_e \cdot \left(h' - \frac{x}{3}\right).$$

3. Die Elastizitätsbedingungen verlangen, daß

$$\frac{\sigma_b}{E_b} : \frac{\sigma_e}{E_e} = x : (h' - x); \quad \text{folglich} \quad \sigma_b : \frac{\sigma_e}{n} = x : (h' - x)$$

oder

$$\frac{\sigma_e}{n \cdot \sigma_b} = \frac{h' - x}{x}.$$

Mit Hilfe dieser drei Gleichungen ergeben sich die gesuchten Spannungen wie folgt:

Auf Seite 42 war für x der Wert gefunden:

$$\boxed{x = \frac{n \cdot F_e}{b}\left(-1 + \sqrt{1 + \frac{2\,b\,h'}{n \cdot F_e}}\right)} \tag{1}$$

Aus Gleichung 2 folgt

$$\boxed{\sigma_e = \frac{M}{F_e \cdot \left(h' - \frac{x}{3}\right)} = \frac{M}{F_e \cdot i}} \tag{2}$$

und aus Gleichung 1 und 2

$$D = Z = \frac{M}{i}; \quad \text{da aber} \quad D = \frac{b \cdot x \cdot \sigma_b}{2} \quad \text{ist (Abb. 59),}$$

so wird

$$\frac{b \cdot x \cdot \sigma_b}{2} = \frac{M}{i},$$

woraus folgt

$$\boxed{\sigma_b = \frac{M}{b\,\frac{x}{2}\left(h' - \frac{x}{3}\right)} = \frac{M}{b\,\frac{x}{2}\,i}}. \tag{3}$$

Diese Formeln dienen zur Nachprüfung der Spannungen bei gegebenen Querschnitten.

b) Formeln für die Querschnittsbemessung bei gegebenen Spannungen. Gegeben M, σ_e und σ_b; gesucht (b), h, F_e.

Aus der Proportion $\sigma_b : \frac{\sigma_e}{n} = x : (h' - x)$

folgt $$x = \frac{n \cdot \sigma_b \cdot h'}{\sigma_e + n \cdot \sigma_b} = \alpha \cdot h',$$

wobei $$\alpha = \frac{n \cdot \sigma_b}{\sigma_e + n \cdot \sigma_b}$$

für jede gegebene Gruppe von σ_e und σ_b unveränderlich ist.

Um die Höhe zu berechnen, benutzen wir die Momentengleichung

$$M = D\left(h' - \frac{x}{3}\right) = \frac{\sigma_b \cdot x}{2} \cdot b\left(h' - \frac{x}{3}\right)$$

$$M = \frac{b \cdot \sigma_b}{2} \cdot \alpha \cdot h'\left(h' - \frac{\alpha \cdot h'}{3}\right)$$

und hieraus $$h' = \frac{\sigma_e + n \cdot \sigma_b}{\sigma_b} \sqrt{\frac{6}{n\,(3\,\sigma_e + 2n \cdot \sigma_b)}} \cdot \sqrt{\frac{M}{b}}$$

$$\boxed{h' = r \cdot \sqrt{\frac{M}{b}}}, \qquad (4)$$

wobei r auch wieder für jede gegebene Gruppe von σ_e und σ_b konstant ist.

Der Eisenquerschnitt ist nunmehr

$$F_e = \frac{Z}{\sigma_e} = \frac{b \cdot x \cdot \sigma_b}{2\sigma_e} = \frac{b \cdot \sigma_b \cdot \alpha \cdot h'}{2 \cdot \sigma_e} = \frac{b \cdot \sigma_b \cdot \alpha \cdot r \cdot \sqrt{\frac{M}{b}}}{2 \cdot \sigma_e}$$

$$= \frac{\alpha \cdot r \cdot \sigma_b}{2 \cdot \sigma_e} \sqrt{M \cdot b}$$

$$\boxed{F_e = t\sqrt{M \cdot b}} \qquad (5)$$

(t ist ebenso wie r ein fester Beiwert).

Die Formeln (4) und (5) dienen zur Querschnittsbemessung bei einem *gegebenen* äußeren Moment M und einer *gewählten* Querschnittsbreite b.

Die in vorstehenden Formeln angegebenen Konstanten r und t sind in der nachstehenden Zahlentafel III für verschiedene Werte von σ_e und σ_b berechnet.

Zahlentafel III.

Dimensionierung einfach armierter Balken.

$$n = 15$$

$$h' = r\sqrt{\frac{M}{b}} \qquad M \text{ in } mt$$

$$b \text{ in } m$$

$$fe = t\sqrt{M \cdot b} \qquad h \text{ in } cm$$

$$i = h' - \frac{x}{3} = c \cdot h' \qquad fe \text{ in } cm^2$$

σ_e kg/cm²	σ_b kg/cm²	r	t	c	σ_e kg/cm²	σ_b kg/cm²	r	t	c
	20	19,27	8,25	0,900		20	21,67	5,00	0,923
	25	16,29	9,93	0,884		25	17,96	6,13	0,909
700	30	14,00	11,80	0,868	1000	30	15,48	7,20	0,897
	35	12,47	13,38	0,857		35	13,69	8,25	0,885
	40	11,31	14,95	0,846		40	12,34	9,26	0,875
	45	10,40	16,47	0,837		45	11,28	10,24	0,866
	20	20,08	6,85	0,909		20	22,40	4,36	0,928
	25	16,77	8,36	0,894		25	18,52	5,38	0,915
800	30	14,54	9,78	0,880	1100	30	15,93	6,33	0,903
	35	12,91	11,16	0,868		35	14,08	7,21	0,893
	40	11,60	12,56	0,857		40	12,68	8,13	0,882
	45	10,71	13,80	0,848		45	11,60	8,98	0,874
	20	20,90	5,82	0,916		20	23,15	3,86	0,933
	25	17,37	7,08	0,902		25	19,11	4,75	0,921
900	30	15,00	8,35	0,889	1200	30	16,40	5,59	0,909
	35	13,29	9,51	0,877		35	14,46	6,41	0,900
	40	12,02	10,67	0,867		40	12,98	7,22	0,889
	45	11,00	11,80	0,857		45	11,86	8,00	0,880

Beispiel: $M = 2{,}5$ tm, $b = 1{,}00$ m
Es sei: $\sigma_e = 1200$ kg/cm²; $\sigma_b = 40$ kg/cm²

$$h' = r\sqrt{\frac{M}{b}} = 12{,}98\sqrt{\frac{2{,}50}{1{,}00}} = 20{,}6 \text{ cm}$$

$$fe = t\sqrt{M \cdot b} = 7{,}22\sqrt{2{,}5 \cdot 1{,}0} = 11{,}42 \text{ cm}^2$$

a bei Platten gewöhnlich 1,5 — 2,0 cm (vgl. Bestimmungen v. 13. I. 16 § 9, Nr. 7)

gewählt: $h = h' + a = 20{,}6 + 1{,}9 = 22{,}5$ cm

R. E. ⌀ 12 mit $fe = 1{,}13$ cm²

$$\text{Abstand } e = \frac{100 \cdot 1{,}13}{11{,}42} = \approx 10 \text{ cm.}$$

Unter Benutzung der Zahlentafel III für $\sigma_b = 40$ und $\sigma_e = 1200$ (man beachte jedoch die „Bestimmungen“ § 16, Nr. 10 bis 12 und § 18, Nr. 4 c!) ergibt sich folgende Dimensionierungstabelle für Platten.

Zahlentafel IV.

Dimensionierungstabelle für Platten.

$b = 100$ cm; $\sigma_b = 40$ kg/qcm; $\sigma_e = 1200$ kg/qcm.

M mt	h' cm	h cm	F_e qcm	M mt	h' cm	h cm	F_e qcm	M mt	h' cm	h cm	F_e qcm
0,10	4,10	5,5	2,28	0,75	11,23	12,5	6,25	3,00	22,46	25,0	12,49
0,11	4,30	6,0	2,39	0,80	11,60	13,0	6,45	3,20	23,19	25,5	12,90
0,12	4,49	6,0	2,50	0,85	11,93	13,5	6,64	3,40	23,91	26,5	13,29
0,13	4,67	6,0	2,60	0,90	12,30	14,0	6,84	3,60	24,60	27,0	13,68
0,14	4,85	6,5	2,70	0,95	12,64	14,0	7,03	3,80	25,27	28,0	14,05
0,15	5,02	6,5	2,80	1,00	12,97	14,5	7,21	4,00	25,93	28,5	14,42
0,16	5,18	6,5	2,88	1,05	13,27	15,0	7,39	4,20	26,57	29,0	14,78
0,17	5,34	7,0	2,97	1,10	13,58	15,0	7,55	4,40	27,20	30,0	15,12
0,18	5,50	7,0	3,06	1,15	13,90	15,5	7,73	4,60	27,81	30,5	15,46
0,19	5,65	7,0	3,14	1,20	14,20	16,0	7,90	4,80	28,41	31,0	15,80
0,20	5,80	7,5	3,23	1,25	14,48	16,0	8,07	5,00	28,99	31,5	16,12
0,22	6,09	7,5	3,38	1,30	14,76	16,5	8,21	5,50	30,41	33,0	16,91
0,24	6,35	7,5	3,53	1,35	15,05	16,5	8,38	6,00	31,76	34,5	17,66
0,26	6,61	8,0	3,68	1,40	15,33	17,0	8,52	6,50	33,06	35,5	18,38
0,28	6,86	8,5	3,81	1,45	15,61	17,5	8,70	7,00	34,30	37,0	19,08
0,30	7,11	8,5	3,95	1,50	15,88	17,5	8,85	7,50	35,51	38,0	19,75
0,32	7,34	9,0	4,09	1,60	16,40	18,0	9,13	8,00	36,67	39,0	20,39
0,34	7,57	9,0	4,21	1,70	16,90	19,0	9,41	8,50	37,80	40,5	21,02
0,36	7,78	9,5	4,33	1,80	17,40	19,5	9,68	9,00	38,90	41,5	21,63
0,38	7,99	9,5	4,44	1,90	17,89	20,0	9,96	9,50	39,96	42,5	22,22
0,40	8,20	10,0	4,56	2,00	18,36	20,5	10,21	10,00	41,00	43,5	22,80
0,42	8,40	10,0	4,67	2,10	18,79	21,0	10,45	11,00	43,00	45,5	23,91
0,44	8,60	10,0	4,78	2,20	19,23	21,5	10,67	12,00	44,91	47,5	24,98
0,46	8,80	10,5	4,89	2,30	19,67	22,0	10,94	13,00	46,75	49,5	26,00
0,48	9,00	10,5	5,00	2,40	20,09	22,5	11,17	14,00	48,51	51,0	26,98
0,50	9,18	10,5	5,10	2,50	20,50	23,0	11,40	15,00	50,21	52,5	27,92
0,55	9,62	11,0	5,35	2,60	20,91	23,5	11,62	16,00	51,86	54,5	28,84
0,60	10,05	11,5	5,59	2,70	21,30	24,0	11,85				
0,65	10,46	12,0	5,82	2,80	21,70	24,0	12,06				
0,70	10,86	12,5	6,04	2,90	22,08	24,5	12,28				

Für die üblichen Beanspruchungen ist ungefähr $r = 13$ und $i = \frac{7}{8} h'$, also

und

$$h' = 13 \cdot \sqrt{\frac{M}{b}} \qquad F_e = \frac{M}{\frac{7}{8} h' \cdot \sigma_e} \,. \tag{6}$$

Diese Formeln sind besonders für überschlägige Berechnungen wichtig.

B. Berechnung doppelt armierter Balken. Ist außer der Bewehrung auf der Zugseite auch in der Nähe der Druckkante eine Bewehrung vorgesehen, so bezeichnet man den Träger als doppelt armiert. Abb. 60.

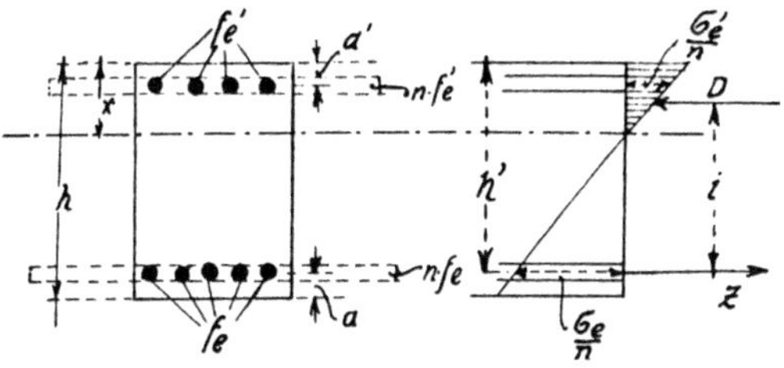

Abb. 60. Doppelt armierter Balken.

a) Formeln für die Spannungsberechnung gegebener Querschnitte.

Die Gesamthöhe sei . . . . h
der Gesamteisenquerschnitt in der Druckzone . . . . . . fe'
in der Zugzone . . . . fe
die Entfernung der Nullinie vom oberen Rande sei . . . x
die Entfernung des Eisens vom unteren Rande . . . . . a
" " " " " oberen " . . . . . . a'
die Betonspannung . . . . σ_b
die ideelle Spannung auf der Druckseite . . . . $\frac{\sigma_e'}{n}$
" " " auf der Zugseite . . . . $\frac{\sigma_e}{n}$
die gesamte Druckkraft einschließlich der Eisendruckkraft sei D
die Eisenzugkraft . . . . Z
der innere Hebelarm i
die Breite . . . . b

Dann muß sein:

$$D = Z \quad \text{oder} \quad \frac{\sigma_b \cdot x \cdot b}{2} + \sigma_e' \cdot fe' = \sigma_e \cdot fe \tag{1}$$

$$M = \frac{\sigma_b \cdot x}{2} \cdot b\left(h' - \frac{x}{3}\right) + \sigma_e' \cdot fe'\,(h' - a') \tag{2}$$

Es verhalten sich im ideellen Querschnitt die Spannungen wie die Abstände von der Nullinie

$$\sigma_b : \frac{\sigma_e}{n} = x : (h' - x) \tag{3}$$

$$\sigma_b : \frac{\sigma_e'}{n} = x : (x - a') \tag{4}$$

Die Schwerlinie erhält man wieder aus der Bedingung, daß die statischen Momente der wirksamen Flächen in bezug auf die Schwerlinie gleich sein müssen:

$$\frac{b \cdot x^2}{2} + n \cdot fe'\,(x - a') = n \cdot fe\,(h' - x)$$

$$x^2 + \frac{2n \cdot x}{b}(fe + fe') = \frac{2n}{b}(fe \cdot h' + fe' \cdot a')$$

$$x = -\frac{n \cdot (fe + fe')}{b} + \sqrt{\left[\frac{n\,(fe + fe')}{b}\right]^2 + \frac{2n\,(h' \cdot fe + a' \cdot fe')}{b}}$$

Es empfiehlt sich die Weiterrechnung mit dem ideellen Betonquerschnitt durchzuführen.

Das ideelle Trägheitsmoment wird

$$J_i = \frac{b \cdot x^3}{3} + n \cdot fe' (x - a')^2 + n \cdot fe (h' - x)^2$$

$$= \frac{b \cdot x^3}{3} + n \cdot fe' (x - a')^2 + \left[\frac{b \cdot x^2}{2} + n fe' (x - a')\right] (h' - x)$$

$$\boxed{J_i = \frac{b \cdot x^2}{2} \left(h' - \frac{x}{3}\right) + n \cdot fe' (x - a') (h' - a')}.$$

Die Betonrandspannung ist

$$\boxed{\sigma_b = \frac{M}{J_i} \cdot x}$$

die Eisenzugspannung ist

$$\boxed{\sigma_e = \frac{M}{J_i} \cdot n (h' - x)}$$

und die Eisendruckspannung

$$\boxed{\sigma_e' = \frac{M}{J_i} \cdot n (x - a')}$$

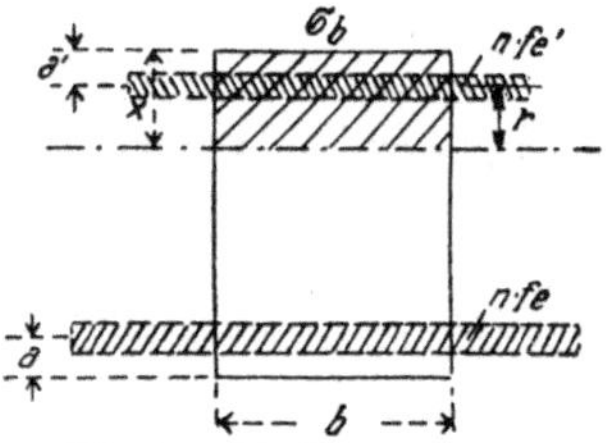

Abb. 61. Ideeller Querschnitt.

Diese Formeln eignen sich zunächst nur für die Nachprüfung gegebener Eisenbetonbalken.

Um die Formeln auch für die Dimensionierung verwenden zu können, muß man über das Verhältnis von fe zu fe' bestimmte Annahmen machen und ferner a als Funktion von h oder x ausdrücken.

b) Formeln für die Dimensionierung.[1]) Wir setzen: $a' = \xi \cdot x$, ferner sei

$$\frac{x}{h' - x} = \frac{n \cdot \sigma_b}{\sigma_e} = \frac{1}{m}$$

$$fe' = \nu \cdot fe,$$

$$D_b = \tfrac{1}{2} b \cdot x \cdot \sigma_b$$

1) Vgl. Dr.-Ing. W. Frank, Eisenbetonbau. II. Aufl. S. 70.

dann ist

$$D_e = fe' \cdot \sigma_e' = \nu \cdot fe \cdot n \cdot \sigma_b' = \nu fe\,(1 - \zeta) \cdot n \cdot \sigma_b$$

da sich verhält

$$\sigma_b' : \sigma_b = (x - a') : x \quad = (x - \zeta \cdot x) : x \quad = (1 - \zeta) : 1.$$

Die Gleichgewichtsbedingungen lauten:

1. $D_b + D_e = Z,$

woraus folgt

$$\tfrac{1}{2} \cdot b \cdot x \cdot \sigma_b + \nu \cdot fe \cdot n \cdot \sigma_b\,(1 - \zeta) = m \cdot n \cdot fe \cdot \sigma_b$$

oder $$\tfrac{1}{2} b \cdot x = n \cdot fe\,[m - \nu \cdot (1 - \zeta)] \tag{1}$$

2. $M = D_b \cdot \tfrac{2}{3} x + D_e\,(1 - \zeta) \cdot x + Z \cdot (h' - x),$

woraus folgt

$$M = \tfrac{1}{3} b \cdot x^2 \cdot \sigma_b + \nu \cdot fe \cdot n \cdot x \cdot \sigma_b (1 - \zeta)^2 + fe \cdot m \cdot n \cdot \sigma_b \cdot m \cdot x$$

oder $$\frac{M}{\sigma_b} - \tfrac{1}{3} b x^2 = n \cdot fe\,[m^2 + \nu \cdot (1 - \zeta)^2] \cdot x. \tag{2}$$

Aus diesen beiden Gleichungen können wir fe eliminieren und erhalten die Bestimmungsgleichung für x:

$$x = \sqrt{\frac{6\,[m - \nu \cdot (1 - \zeta)]}{\sigma_b\,[m\,(3m + 2) + \nu \cdot (1 - \zeta) \cdot (1 - 3\zeta)]}} \cdot \sqrt{\frac{M}{b}} = k \cdot \sqrt{\frac{M}{b}}$$

$$h' = (1 + m) \cdot x = k\,(1 + m) \sqrt{\frac{M}{b}} = \alpha \sqrt{\frac{M}{b}};$$

ferner folgt $$fe = \frac{b x}{n\,[m - \nu \cdot (1 - \zeta)]}$$

$$= \frac{1}{n} \sqrt{\frac{3}{2\sigma_b\,[m - \nu \cdot (1 - \zeta)]\,[m \cdot (3m + 2) + \nu \cdot (1 - \zeta)(1 - 3\zeta)]}}$$

$$\cdot\, b \sqrt{\frac{M}{b}} = \beta \cdot b \sqrt{\frac{M}{b}} = \beta \sqrt{M \cdot b}$$

Für Platten kann man wählen;

$$\zeta = 0{,}5; \quad \text{für Unterzüge} \quad \zeta = 0{,}25.$$

Ferner kann man wählen

$$fe' = \tfrac{1}{2} fe \quad \text{oder} \quad fe' = fe.$$

Mit diesen Annahmen erhält man für die Konstanten α und β die in nachstehenden Tabellen zusammengestellten Werte.

Zahlentafel Va.

Dimensionierung doppelt bewehrter Platten.

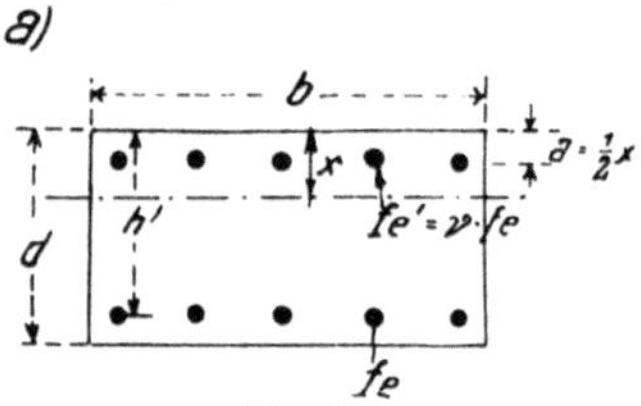

Abb. 62 a

M in mt $\qquad h' = \alpha \sqrt{\frac{M}{b}}$

b in m

fe in cm^2 $\qquad fe = \beta \sqrt{M \cdot b} = \frac{\beta}{\alpha}\, b \cdot h'.$

σ_e kg/cm²	σ_b kg/cm²	$\frac{x}{h}$	$fe' = \frac{1}{2} fe$ α	β	$\frac{\beta}{\alpha}$	$fe' = fe$ α	β	$\frac{\beta}{\alpha}$	σ_b kg/cm²
1000	20	0,231	20,85	5,22	0,25	20,20	5,47	0,27	20
	25	0,273	16,99	6.45	0,38	16,30	6,84	0,42	25
	30	0,310	14,62	7,15	0,52	13,72	8,25	0,60	30
	35	0,344	12,90	8,85	0,69	11,87	9,71	0,82	35
	40	0,375	11,46	10,09	0,88	10,43	11,40	1,07	40
	45	0,403	10,38	11,30	1,09	9,30	12,79	1,38	45
	50	0,429	9,50	12,49	1,32	8,38	14,38	1,71	50
1200	20	0,200	22,45	3,98	0,18	21,70	4,13	0,19	20
	25	0,238	18,49	4,94	0,27	17,54	5,22	0,30	25
	30	0,273	15,67	5,88	0,38	14,88	6,26	0,42	30
	35	0,304	13,70	6,67	0,49	12,88	7,30	0,57	35
	40	0,333	12,21	7,75	0,64	11,36	8,40	0,74	40
	45	0,360	11,03	8,66	0,79	10,16	9,51	0,94	45
	50	0,385	10,12	9,62	0,95	9,16	10,69	1,16	50

C. Berechnung der Plattenbalken. Der Plattenbalken besteht aus der Platte und der Rippe (Abb. 63 u. 64). Er ist in den Skizzen schraffiert, soweit er als Tragglied einer Deckenkonstruktion in Rechnung gesetzt wird.

Folgende Bezeichnungen seien gewählt:

Plattenstärke . . . . d
Plattenbreite . . . . b
Rippenbreite . . . . b_0
Rippenhöhe . . . . h
Rippenabstand . . . . λ
Stützweite des Plattenbalkens l

Dann besagen die Vorschriften (§ 16, Nr. 9) bezüglich der Wahl der Breite b, daß

$$\frac{b}{2} \leqq 2h \leqq 4b_0 \leqq 8d \leqq \frac{\lambda}{2} \quad \text{sein soll.}$$

Zahlentafel Vb.

Dimensionierung doppelt bewehrter Unterzüge.

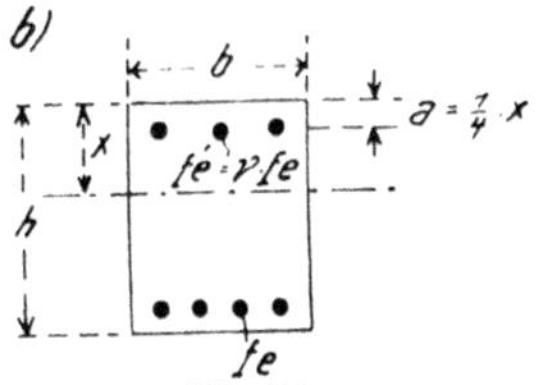

Abb. 62 b.

M in mt $\qquad h' = \alpha \sqrt{\frac{M}{b}}$

b in m

fe in cm² $\qquad fe = \beta \sqrt{M \cdot b} = \frac{\beta}{\alpha} \cdot b \cdot h'.$

σ_b kg/cm²	σ_e kg/cm²	$\frac{x}{h}$	$fe' = \frac{1}{2} fe$: α	β	$\frac{\beta}{\alpha}$	$fe' = fe$: α	β	$\frac{\beta}{\alpha}$	σ_b kg/cm²
1000	20	0,231	20,40	5,31	0,26	19,06	5,66	0,30	20
	25	0,273	16,68	6,61	0,40	15,10	7,18	0,48	25
	30	0,310	14,11	7,90	0,56	12,53	8,82	0,70	30
	35	0,344	12,28	9,20	0,75	10,28	10,54	1,02	35
	40	0,375	10,86	10,51	0,97	9,07	12,40	1,36	40
	45	0,403	9,75	11,82	1,21	7,80	14,47	1,85	45
	50	0,429	8,78	13,13	1,49	6,84	16,70	2,44	50
1200	20	0,200	22,06	4,05	0,18	20,88	4,27	0,20	20
	25	0,238	17,94	5,03	0,28	16,89	5,41	0,32	25
	30	0,273	15,18	6,01	0,40	13,88	6,58	0,48	30
	35	0,304	13,19	6,98	0,53	11,82	7,62	0,65	35
	40	0,333	11,68	7,96	0,68	10,22	9,06	0,89	40
	45	0,360	10,50	8,95	0,85	8,95	10,43	1,17	45
	50	0,385	9,51	9,96	1,04	7,87	11,89	1,51	50

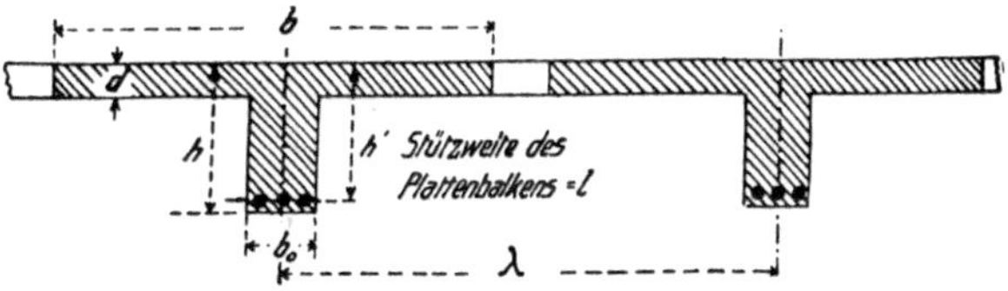

Abb. 63. Plattenbalken.

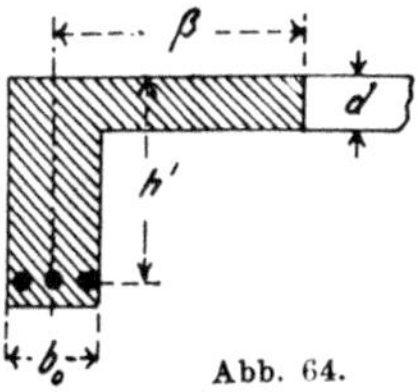

Abb. 64. Einseitiger Plattenbalken.

Der Kleinstwert, der hiernach für b erhalten wird, ist für die Berechnung zu wählen. Als Plattenbalken kommen auch solche mit einseitig ausgebildeter Platte, wie sie beispielsweise bei Fensterstürzen vorkommen (Abb. 64), in Betracht.

Die entsprechenden Vorschriften für die Druckgurtbreite lauten:

$$\beta \leqq 1{,}5\,h \leqq 3\,b_0 \leqq 6\,d.$$

Bei der Berechnung ist zu überlegen, ob der Plattenbalken als kontinuierlicher Träger oder als Balken auf 2 Stützen zur Wirkung gelangt.

Liegt ein kontinuierlicher Träger vor, so treten über den Stützen negative, zwischen den Stützen positive Momente auf. Die Platte muß aus praktischen Gründen bei solchen Konstruktionen in der Regel oben liegen.

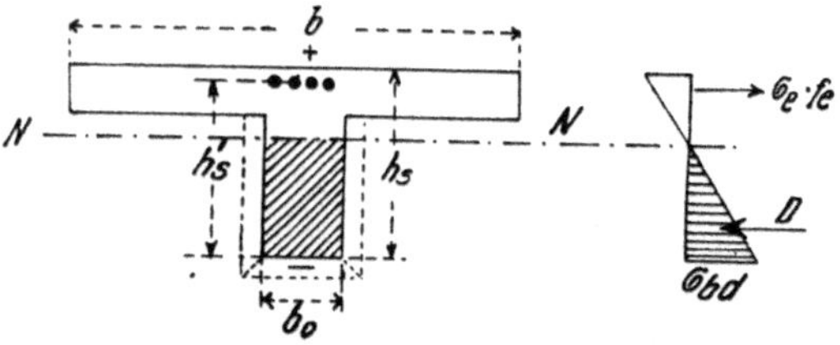

Abb. 65. Plattenbalken mit negativen Momenten.

Es werde zunächst die Berechnung des Plattenbalkens über der Stütze, d. h. für *negative* Biegungsmomente, durchgeführt. Die Zugspannungen liegen oben, die Druckspannungen unten. Die Nullinie fällt in diesem Falle in der Regel in die Rippe. Die Spannungsverteilung ist die gleiche wie bei dem einfachen Balken. Die Berechnung kann daher genau so wie die des einfachen Balkens erfolgen. Da aber bei dem kontinuierlichen Träger die negativen Momente oft größer sind als die positiven Momente, andrerseits die Platte im Druckgurt fehlt, so ergibt sich hieraus die praktische Regel, daß man über den Stützen die Balkenhöhe durch Vouten oder unter Umständen die Druckzone des Querschnittes durch Verbreiterung der Rippen vergrößert.

Bei *positiven* Momenten, die oben die Druckspannung und unten die Zugspannungen hervorrufen, müssen 2 Fälle unterschieden werden.

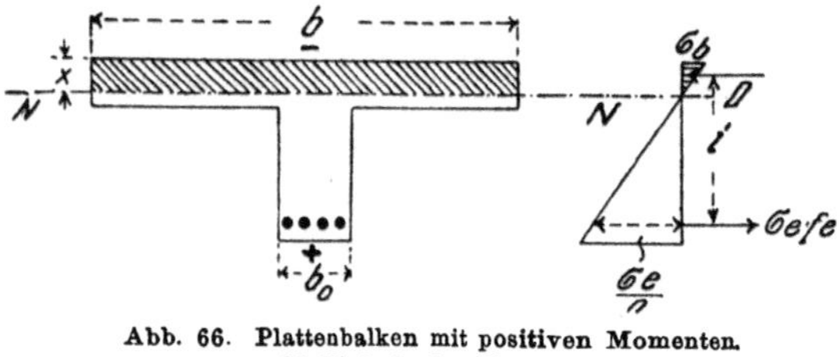

Abb. 66. Plattenbalken mit positiven Momenten. (Nullinie in der Platte.)

1. Fall: Die Nullinie liegt in der Platte oder in der Plattenunterkante.

Dann ergibt sich eine Spannungsverteilung, wie sie aus Abb. 66 zu ersehen ist. Ein einfacher Balken von der Breite *b* würde die gleiche Spannungsverteilung aufweisen. Die Berechnung muß also genau dieselbe sein wie beim einfachen Balken; nur ist die Breite *b* beim Plattenbalken kein feststehender Wert, sondern für jeden Fall nach Maßgabe der Konstruktionsbedingungen festzulegen.

2. Fall: Die Nullinie liegt in der Rippe.

In diesem Falle sei:

d die Plattenstärke.
h' die Höhe von Plattenoberkante bis Mitte der Eisen.
h die Gesamthöhe (bis Unterkante der Rippe).
fe der Querschnitt der Eiseneinlage.
x die Entfernung der Nullinie vom oberen Rande.
σ_b die Betondruckspannung an Plattenoberkante.
$\sigma_{b'}$ „ „ „ Plattenunterkante.
$\frac{\sigma_e}{n}$ die ideelle Spannung in der Mitte der Eiseneinlagen.
i der innere Hebelarm.
y der Abstand des Druckmittelpunktes von der Nullinie.

Um einfache Formeln zu erhalten und wegen der Kleinheit der Werte können in der Regel die Spannungen im Steg vernachlässigt werden.

Dann ergibt sich zunächst folgende angenäherte Berechnung:

1. $h' = r\sqrt{\frac{M}{b}}$, wie beim einfachen Balken.

Die Betonbeanspruchungen wählt man beim Plattenbalken kleiner als beim einfachen Balken, da die Elemente der Druckzone sowohl für die Platte als auch den Plattenbalken in Wirksamkeit treten. Deswegen findet man für überschlägige Rechnungen genügend genau:

$$h' = 17 \cdot \sqrt{\frac{M}{b}}.$$

2. Aus $\sigma_e \cdot fe \cdot i = M$ erhält man $fe = \frac{M}{\sigma_e \cdot i}$; nun ist i aber angenähert gleich $h' - \frac{d}{2}$ und zwar um so genauer, je tiefer die Nullinie in den Steg fällt; dann wird:

$$fe = \frac{M}{\sigma_e\left(h' - \frac{d}{2}\right)}.$$

3. Aus $D = Z$ wird in erster Annäherung $\sigma_b \cdot \frac{b \cdot d}{2} = \sigma_e \cdot fe$; folglich $\sigma_b = \frac{2 \cdot \sigma_e \cdot fe}{b \cdot d}$.

Diese Näherungsrechnung liefert zu große Werte. Für genauere Berechnungen ist folgender Berechnungsgang zu benutzen.

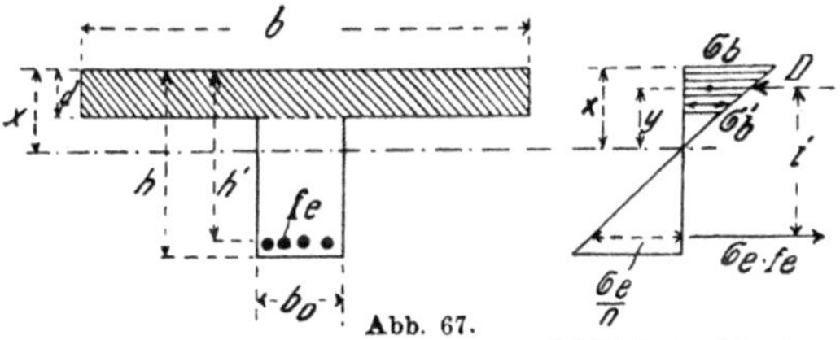

Abb. 67.
Plattenbalken mit positiven Momenten. (Nullinie im Steg.)

Die statischen Momente der Druck- und Zugflächen des ideellen Querschnitts müssen für die Nullinie gleich groß sein; daher *unter Vernachlässigung des Steges:*

$$b \cdot d\left(x - \frac{d}{2}\right) = n \cdot fe\,(h' - x).$$

Diese Beziehung liefert die Lage der Nullinie

$$\boxed{x = \frac{n \cdot fe \cdot h' + \frac{b \cdot d^2}{2}}{n \cdot fe + b \cdot d}}.$$

Das Trägheitsmoment des ideellen Betonquerschnittes wird:

$$J = \frac{b}{3}\left[x^3 - (x-d)^3\right] + n \cdot fe \cdot (h' - x)^2$$

$$= b\,d\left(x^2 - x \cdot d + \frac{d^2}{3}\right) + b \cdot d\left(x - \frac{d}{2}\right) \cdot (h' - x)$$

$$= \frac{b\,d}{2}(2x - d) \cdot \left(h' - \frac{d}{3} \cdot \frac{3x - 2d}{2x - d}\right).$$

Bei Einführung der Entfernung des Druckmittelpunktes vom oberen Rande erhält man:

$$x - y = \frac{d}{3} \cdot \frac{3x - 2d}{2x - d}.$$

Das Trägheitsmoment ist nunmehr

$$J = b\,d\left(x - \frac{d}{2}\right)(h' - x + y) = b \cdot d\left(x - \frac{d}{2}\right) \cdot i$$

$$= n\,fe \cdot (h' - x) \cdot i.$$

Jetzt benutze man zur Ermittelung der Spannungen die folgende Formel

$$\sigma = \frac{M}{J} \cdot z;$$

mithin wird

$$\boxed{\begin{aligned} \sigma_e &= n \cdot \frac{M}{J} \cdot (h' - x) = \frac{M}{fe \cdot i} \\ \sigma_b &= \frac{M}{J} \cdot x = \sigma_e \cdot \frac{x}{n\,(h' - x)} \end{aligned}}.$$

11. Zusammengesetzte Festigkeit.

Belastet man eine Säule (Abb. 68), deren Stärke d und deren Schwerlinie S—S sei, außerhalb der Säulenachse mit einer Last P, so kann die Wirkung dieser exzentrisch angreifenden Last durch eine im Schwerpunkt angreifende Längskraft P und ein

Biegungsmoment $M = P \cdot e$ ersetzt werden: die Säule wird auf zusammengesetzte Festigkeit beansprucht.

Für homogenen Baustoff erhält man in der Entfernung z von der Schwerachse die Spannung:

$$\sigma = -\frac{P}{F} \mp \frac{M}{W} = -\frac{P}{F} \mp \frac{P \cdot e}{J} \cdot z$$

$$= -\frac{P}{F}\left(1 \pm \frac{e \cdot z}{J} \cdot F\right).$$

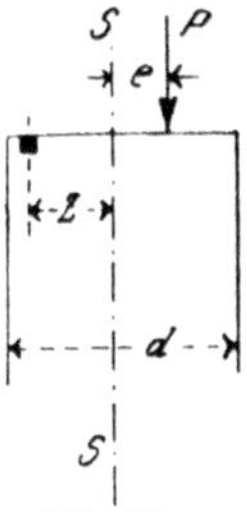

Abb. 68. Zusammengesetzte Festigkeit.

Man kann diese Beziehung bei Eisenbetonstützen nur benutzen, wenn im ganzen Querschnitt einheitliche Druckspannungen auftreten oder wenn die Zugspannungen am Rande kleiner sind als etwa 5 kg/cm². In diesem Falle sind keine neuen Formeln herzuleiten, wenn an Stelle des Eisenquerschnittes der ideelle Querschnitt eingeführt wird.

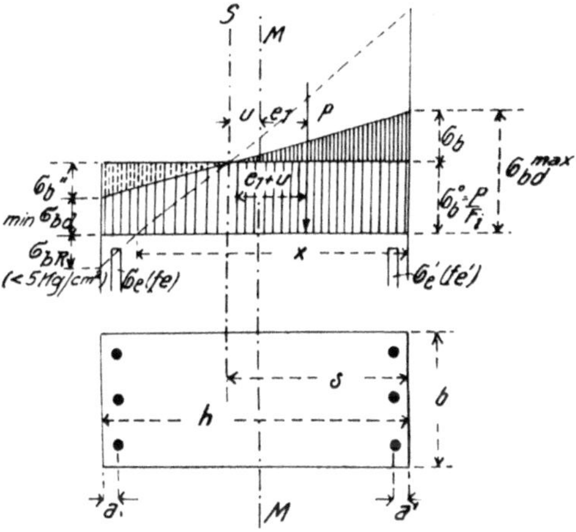

Abb. 69. Spannungsverteilung.

Die Größe des ideellen Querschnitts ist

$$F_i = F_b + n(f_e + f_e').$$

Zur Berechnung des ideellen Trägheitsmomentes bestimmen wir zunächst die Lage der Schwerlinie des ideellen Querschnittes aus

$$s = \frac{\frac{b \cdot h^2}{2} + n \cdot fe' \cdot a' + n \cdot fe(h - a)}{b \cdot h + n(fe + fe')}.$$

Wegen der Bezeichnungen vergleiche die Abb. 69. Das Trägheitsmoment ist dann

$$J_i = \frac{b \cdot s^3}{3} + \frac{b(h - s)^3}{3} + n \cdot fe(h - s - a)^2 + n \cdot fe'(s - a')^2.$$

Nun können wir die Spannungen ohne weiteres bestimmen:

$$\sigma_{bd}^{\max} = -\frac{P}{F_i} - \frac{P(e_1 + u)}{J_i} \cdot s$$

$$\sigma_{bd}^{\min} = -\frac{P}{F_i} + \frac{P(e_1 + u)}{J_i}(h - s).$$

$$\sigma_e = -n \cdot \frac{P}{F_i} + \frac{n \cdot P(e_1 + u)}{J_i} \cdot (h - s - a)$$

$$\sigma_e' = -n \cdot \frac{P}{F_i} - \frac{n \cdot P(e_1 + u)}{J_i} \cdot (s - a').$$

In diesen Formeln ist $u = s - \frac{h}{2}$ (bei sym. Armierung ist natürlich $u = 0$). Die Lage der Nullinie finden wir aus der Proportion:

$$x : (h - x) = \sigma_{b\,d}^{\max} : \sigma_{b\,d}^{\min}$$

$$x = \frac{h \cdot \sigma_{b\,d}^{\max}}{\sigma_{b\,d}^{\max} + \sigma_{b\,d}^{\min}}.$$

Dieser Gang der Berechnung ist ohne weiteres durchführbar, wenn die Querschnitte gegeben sind. Etwas anders jedoch gestaltet sich der Rechnungsgang, wenn die Querschnitte zu bestimmen sind und die Eiseneinlagen unbekannt sind.

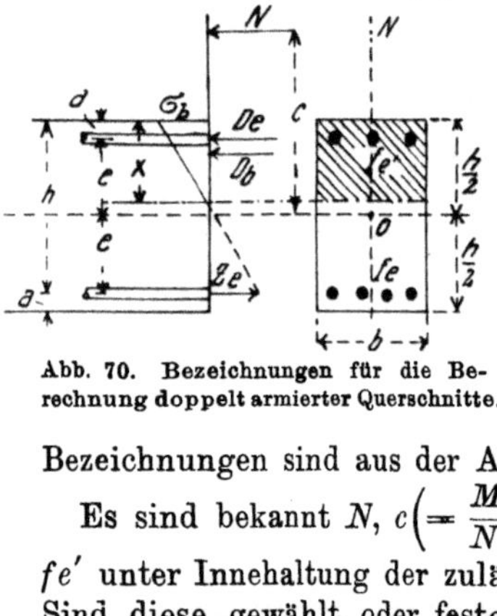

Abb. 70. Bezeichnungen für die Berechnung doppelt armierter Querschnitte.

Es sei ein exzentrisch belasteter Querschnitt zu bewehren, der auf Druck beansprucht wird (vgl. Abb. 70). Der Gang der nachfolgenden Berechnung findet sich bei Mörsch: Der Eisenbetonbau 1920, Bd. I S. 407 u. f. Die hierzu gewählten Bezeichnungen sind aus der Abb. 70 ersichtlich.

Es sind bekannt N, $c\left(=\frac{M}{N}\right)$, b, d und a; gesucht sind fe und fe' unter Innehaltung der zulässigen Grenzspannungen σ_b und σ_e. Sind diese gewählt oder festgelegt, so ergibt sich wie beim einfachen Balken der Nullinienabstand zu

$$x = \frac{n \cdot \sigma_b}{\sigma_e + n\sigma_b} \cdot h' = \alpha \cdot h' \text{ (vgl. S. 48).}$$

Wegen der geradlinigen Spannungsverteilung ist

$$\frac{\sigma_e'/n}{x - a} = \frac{\sigma_b}{x}, \text{ folglich } \sigma_e' = n \cdot \sigma_b \cdot \frac{x - a}{x}.$$

Aus der Gleichheit zwischen inneren und äußeren Kräften folgt, daß ihre Momente um einen beliebig gewählten Punkt gleich sein müssen:

1. Momentenpunkt in der Mitte der Druckeisen

$$N(c - e) = fe \cdot \sigma_e\,(h' - a) - \sigma_b \cdot \frac{b\,x}{2}\left(\frac{x}{3} - a\right) = M_e'.$$

2. Momentenpunkt in der Mitte der Zugeisen ergibt

$$N(c+e) = fe' \cdot \sigma_e'(h'-a) + \sigma_b \frac{bx}{2}\left(h' - \frac{x}{3}\right) = M_e.$$

Hieraus erhält man

$$fe = \frac{M_e' + \sigma_b \cdot \frac{bx}{2}\left(\frac{x}{3} - a\right)}{\sigma_e \cdot (h'-a)}$$

$$fe' = \frac{M_e - \sigma_b \cdot \frac{bx}{2}\left(h' - \frac{x}{3}\right)}{\sigma_e' \cdot (h'-a)}.$$

Dieser Rechnungsgang kann wie folgt für Zahlenrechnungen vereinfacht werden (Mörsch I, S. 411).

Man setzt $a = 0{,}08\,h$ und dementsprechend $e = 0{,}42\,h$; $h' = 0{,}92\,h$; $h' - a = 0{,}84\,h$ und $x = \alpha \cdot h' = 0{,}92\,\alpha \cdot h$.

Dann erhält man durch einfache Umrechnungen die Gleichungen

$$\frac{fe}{b\,d} = \frac{\frac{M_e'}{b\,d^2} + 0{,}46\,\sigma_b \cdot \alpha \cdot \left(0{,}92\,\frac{\alpha}{3} - 0{,}08\right)}{0{,}84\,\sigma_e} = \mu$$

$$\frac{fe'}{b\,d} = \frac{\frac{M_e}{b\,d^2} - 0{,}4232\,\sigma_b \cdot \alpha \cdot \left(1 - \frac{\alpha}{3}\right)}{13{,}696\,\sigma_b \cdot \frac{0{,}92\,\alpha - 0{,}08}{\alpha}} = \mu'.$$

Für bestimmte runde Werte $\frac{M_e'}{b\,d^2}$ und $\frac{M_e}{b\,d^2}$ sind die „Bewehrungsverhältnisse" μ und μ' nach diesen Gleichungen für $\sigma_b = 40\,\mathrm{kg/cm}^2$ und für verschiedene σ_e berechnet worden; die Beziehungen der Werte untereinander sind in der folgenden Tafel Seite 62 graphisch dargestellt.

Jedem σ_e-Wert entspricht eine wagerechte Gerade und jedem $\frac{M}{b\,d^2}$-Wert eine Kurve, und zwar sind links von der senkrechten 0-Achse die $\frac{M_e}{b\,d^2}$-Kurven (für μ') und rechts die $\frac{M_e'}{b\,d^2}$-Kurven (für μ) aufgetragen. Dann ist die wagerechte Entfernung des Schnittpunktes einer $\frac{M}{b\,d^2}$-Kurve von dieser 0-Achse unmittelbar das Maß für die Größe der Bewehrungsziffer μ oder μ'. Folglich ist die *Gesamtbewehrung* $(\mu + \mu')$ *dort am geringsten, wo die beiden der jeweils vorliegenden Aufgabe entsprechenden* $\frac{Me}{b\,d^2}$ *und* $\frac{Me'}{b\,d^2}$*-Kurven den kleinsten wagerechten Abstand voneinander haben.* Bei dem hierzu gehörenden σ_e erzielt man also die *wirtschaftlichste* Querschnittsbewehrung, ohne die zulässigen Spannungen zu überschreiten.

Dieselbe Tafel gilt auch für exzentrische *Zug*belastung, wenn man (vgl. Abb. 71) setzt $M_e' = N(c + e)$ und $M_e = N(c - e)$. Dadurch wird stets $Me' > Me$; es ist also jetzt eine höhere Kurve

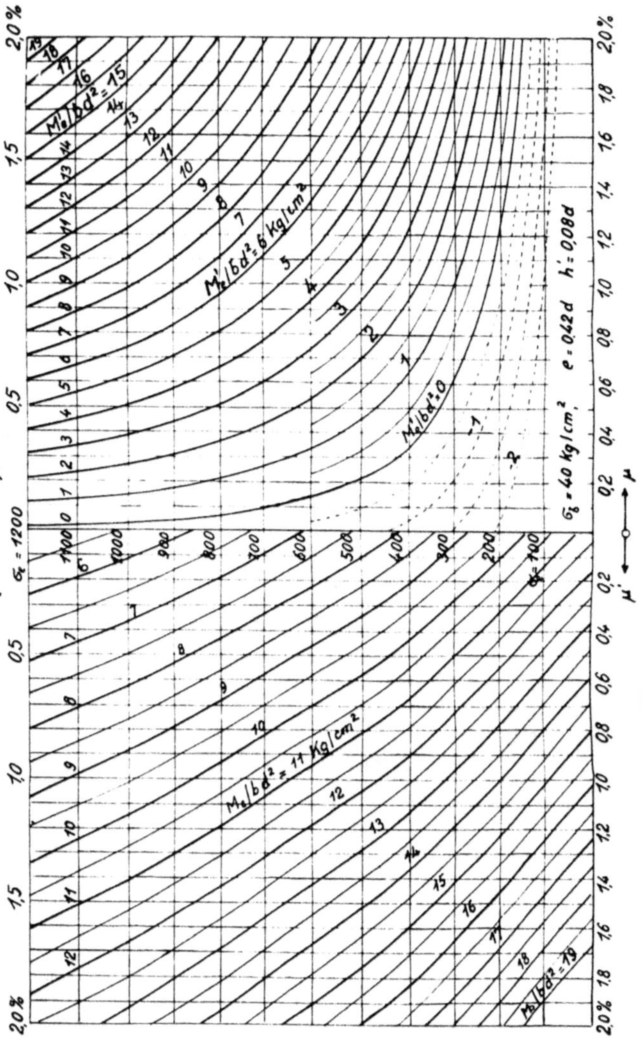

Tafel zur Ermittelung von $F_e = \mu \cdot b \cdot d$ und $F_e' = \mu' \cdot b \cdot d$ bei Biegung mit Axialkraft und einfacher Biegung. $\sigma_b = 40$ kg/cm² $e = 0{,}42\,d$ $h' = 0{,}08\,d$

der rechten Hälfte mit einer niederen der linken zusammen zu nehmen (bei einer *Druck*kraft N war es umgekehrt). Daraus folgt aber aus dem Verlauf der Kurven, daß bei Biegung mit Achsial*zug* die geringste Eisenmenge $fe + fe'$ *stets bei der höchst zulässigen Eisenspannung* $\sigma_e = 1200$ *kg/cm*² auftritt.

Die obigen Ausführungen setzen voraus, daß die Querschnittsabmessungen b und h gegeben sind. Häufig wird das der Fall sein; sind sie jedoch nicht bekannt, so müssen sie schätzungsweise angenommen und dann die zugehörigen Bewehrungsverhältnisse bestimmt werden. Fallen diese zu reichlich aus ($> 2\,\%$), so ist der Betonquerschnitt zu vergrößern.

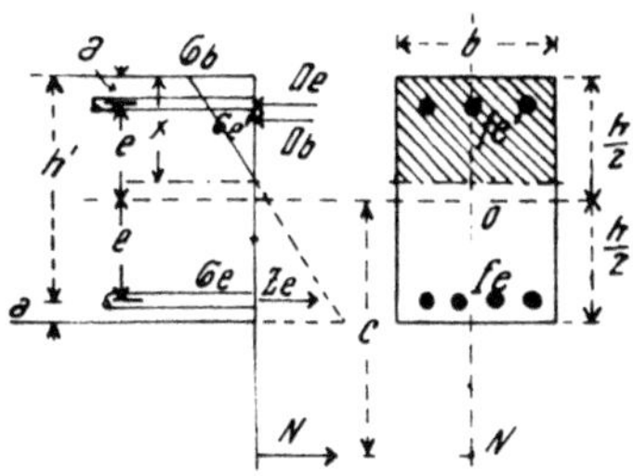

Abb. 71. Bezeichnungen für die Berechnung doppelt armierter Querschnitte.

Da die angegebene Bewehrungsermittlung stets die kleinste also wirtschaftlichste Armierung für den jeweils gewählten Querschnitt ergibt, so kann man die Querschnittsabmessungen in gewissen Grenzen baulichen, architektonischen oder wirtschaftlichen Forderungen anpassen.

12. Zeichnerische Rechnungsverfahren.

Wenn Eisenbetonquerschnitte besonderer Art oder unregelmäßiger Form gegeben sind, eignen sich zur Berechnung der Spannungen die zeichnerischen Verfahren. Sie laufen darauf hinaus, zunächst einmal die Lage der Schwerpunktsachse des ideellen Eisenbetonquerschnitts zu bestimmen und hierauf durch die Navierschen Biegungsgleichungen die Spannungen zu berechnen. Die Grundlagen dieser Verfahren seien die gleichen wie bei den rechnerischen Verfahren, insbesondere seien Zugspannungen ausgeschlossen.

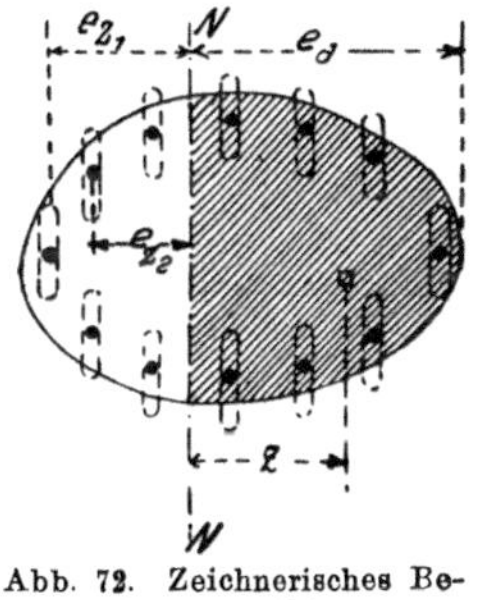

Abb. 72. Zeichnerisches Berechnungsverfahren.

Das Trägheitsmoment des ideellen Betonquerschnittes sei J, dann wird die Spannung (Abb. 72) in einem beliebigen Flächenteil

$$\sigma_b = \frac{M}{J} \cdot z,$$

worin z die Entfernung des betreffenden Flächenteiles von der Nullinie ist. Die Eisenspannung wird dementsprechend: $\sigma_e = n \cdot \frac{M}{J} \cdot e_z$, die maximale Betondruckspannung ist $\sigma_{b\,\max} = \frac{M}{J} \cdot e_d$.

A. Biegung ohne Längskraft. Es liege zunächst der Fall der einfachen Biegung vor. Der Querschnitt sei symmetrisch zu der x-Achse und werde senkrecht zur y-Achse verbogen. (Abb. 73.) Das Biegungsmoment sei M.

Die Nullinie ist die Schwerlinie des ideellen Betonquerschnitts; um sie zu finden zerlege man den Querschnitt senkrecht zur x-Achse in eine Anzahl paralleler Streifen und lasse auf diese Streifen Kräfte wirken, die den dazugehörigen Flächen entsprechen.

Die Flächen seien $f_{b_1} + n \cdot fe_1$, $f_{b_2} + n \cdot fe_2$, $f_{b_3} + n \cdot fe_3$, $f_{b_4} + \cdots$ Auf der Zugseite wirken Kräfte, die den n-fachen Eisenquerschnitten entsprechen, $n \cdot fe_7$, $n \cdot fe_6$, $n \cdot fe_5$ usw. Zeichnet man mit einem beliebigen Polabstand H zu den Kräften $n \cdot fe_1$ usw. ein Seilpolygon, ferner mit dem gleichen Polabstand ein Seilpolygon zu den Kräften $f_{b_1} + n \cdot fe_1$, $f_{b_2} + n \cdot fe_2$, $f_{b_3} + n \cdot fe_3, \ldots$ auf, so schneiden sich beide Seilpolygone in einem Punkte K, durch den die Schwerlinie des ideellen Querschnittes hindurchgeht.

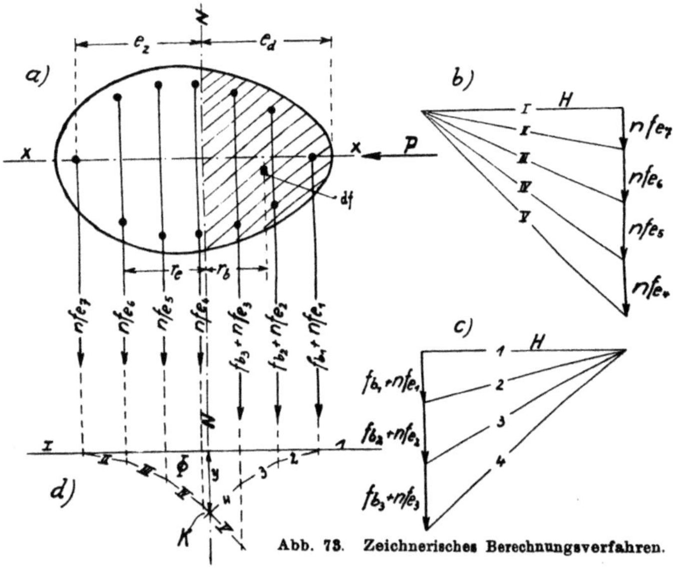

Abb. 73. Zeichnerisches Berechnungsverfahren.

Der Beweis ist einfach. Die Nullinie ist die Schwerlinie des ideellen Querschnittes, da derselbe auf reine Biegung beansprucht wird. Folglich muß das statische Moment der Zugflächen gleich dem der Druckflächen sein. Das statische Moment der Zugflächen ist aber

$$S' = \sum n \cdot fe \cdot r_e = H \cdot y;$$

ebenso das statische Moment der Druckflächen

$$S'' = \sum (f_b + nfe) \cdot r_b = H \cdot y.$$

Beide Momente sind also, wie verlangt wird, gleich groß. Zur Berechnung der Spannungen ist noch das Trägheitsmoment nötig. Dasselbe wird, falls die Fläche des Seilpolygons mit ø bezeichnet wird,

$$J' = \sum n \cdot fe \cdot r_e^2 + \sum f_b \cdot r_b^2$$
$$= 2\,ø \cdot H.$$

Die Spannungen sind nun leicht zu finden; es wird:

$$\sigma_{bd} = \frac{M}{2\varphi \cdot H} \cdot e_d$$

$$\sigma_{ez} = \frac{M}{2\varphi \cdot H} \cdot e_z \cdot n.$$

B. Biegung und Axialdruck. Der Querschnitt der Abb. 74 wird auf Biegung und durch eine Axialkraft P beansprucht. Die

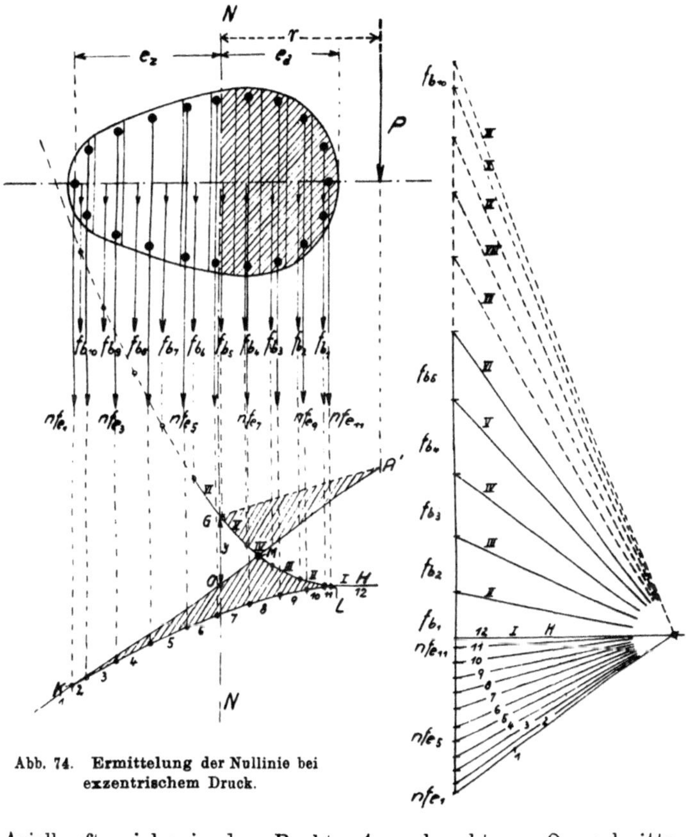

Abb. 74. **Ermittelung der Nullinie bei exzentrischem Druck.**

Axialkraft wirke in dem Punkte A senkrecht zur Querschnittsebene. Das Biegungsmoment sei $P \cdot r$, wobei r die noch unbekannte Entfernung bis zur Nullinie der Spannungsfläche bedeutet. Es werde zunächst der Gang der zeichnerischen Durchführung des Verfahrens und hernach der Beweis dafür erbracht. Von der Druckseite beginnend teile man den Betonquerschnitt ohne Berücksichtigung der Eisen (Abb. 74) in eine Anzahl gleicher Streifen und fasse die Flächeninhalte dieser Streifen als Kräfte auf: f_{b_1}, f_{b_2} usw. Hierauf bringe man von der Zugseite beginnend die n-fachen Eisenflächen in deren Schwerlinie als Kräfte an. $n \cdot f_{e_1}$, $n \cdot f_{e_2}$ usw.

Diese Kräfte trage man in der Reihenfolge auf, wie aus dem Krafteck (Abb. 74) zu ersehen ist, d. h. zuerst alle Eisenflächen und hiernach von rechts beginnend die Betonflächen. Polabstand H.

Zu diesem Krafteck zeichne man das Seileck und bringe dessen erste Seite zum Schnitt mit der Senkrechten durch A, den Angriffspunkt der Kraft. Nun ziehe man von A aus eine Ausgleichslinie derart, daß die beiden schraffierten Flächen gleich groß werden. Dann schneidet diese Ausgleichslinie das Seilpolygon in einem Punkte G, der senkrecht unter der gesuchten Nulllinie liegt.

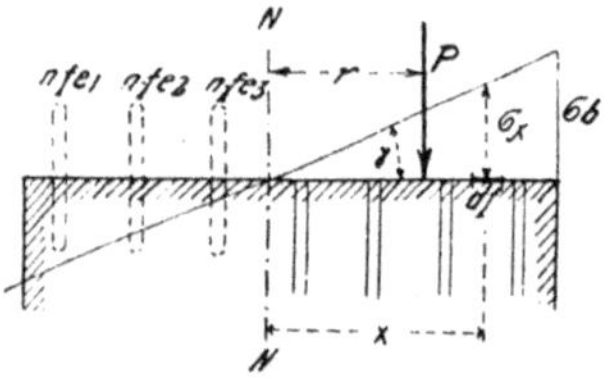

Abb. 75. Ermittelung der Nullinie bei exzentrischem Druck.

Es soll nun die Richtigkeit dieser Konstruktion bewiesen werden: (Abb. 75).

In Entfernung x von der Nullinie $N - N$ wirkt eine Spannung, die mit σ_x bezeichnet sei. Dann folgt aus der Bedingung, daß die Druckkraft P mit den inneren Spannungen im Gleichgewicht stehen muß,

$$P = \int \sigma_x \cdot df$$

$$\sigma_x = x \operatorname{tg} \gamma$$

$$P = \operatorname{tg} \gamma \int x \cdot df = \operatorname{tg} \gamma \cdot S'.$$

$\int x \cdot df$ ist das statische Moment der ideellen Betonfläche bezüglich der Nullinie. Ferner muß das Moment der äußeren Kräfte bezüglich der Nullinie gleich dem Moment der inneren Spannungen sein.

$$M = P \cdot r = \int x \cdot \sigma_x \cdot dx$$

$$r \cdot \operatorname{tg} \gamma \cdot S' = \operatorname{tg} \gamma \cdot \int x^2 dx = \operatorname{tg} \gamma \cdot J'$$

$$r = \frac{J'}{S'}.$$

Die Richtigkeit der vorgeführten Konstruktion ergibt sich nunmehr aus folgenden Erwägungen.

Nach Mohr ist (Abb. 74) das ideelle Trägheitsmoment

$$J' = 2 \cdot \text{Fläche}\,(KLMGOK) \cdot H$$

$$= 2 \cdot (GOA'G) \cdot H = 2y \cdot \frac{r}{2} \cdot H$$

$$= y \cdot r \cdot H.$$

Das statische Moment ist

$$S' = y \cdot H,$$

folglich ist $$\frac{J'}{S'} = \frac{y \cdot r \cdot H}{y \cdot H} = r,$$

was zu beweisen war.

Nach Ermittelung der Nullinie sind die Spannungen leicht zu rechnen:

$$\sigma_b \cdot \frac{M}{J'} \cdot v = \frac{N \cdot r \cdot v}{J'} = \frac{N}{S'} \cdot v = \frac{N \cdot v}{y \cdot H}$$

$$\sigma_b^{\max} = \frac{N \cdot e_d}{y \cdot H}$$

$$\sigma_e^{\max} = \frac{N \cdot e_z}{y \cdot H} \cdot n.$$

13. Einfluß der Schub- und Haftspannungen.

Bei Eisenbetonträgern ist der Einfluß der Schub- und Haftspannungen von großer Bedeutung. Die ganze Art der Anordnung der Eisen insbesondere der Bügel und der abgebogenen Eisen richtet sich nach der Größe der Schubspannung. Wenn ein Eisenbetonbalken, der nur in der Zugzone Eiseneinlagen hat, also keine Bewehrung gegen Schubspannungen (Bügel oder abgebogenem Eisen) aufweist, bis zum Bruch belastet wird, so wird er nicht in der Mitte zerstört, sondern in der Nähe des Auflagers und zwar durch Risse, die ungefähr unter 45⁰ vom oberen Plattenrande nach dem unteren Rande verlaufen. (Vgl. Abb. 76.) Die Bildung dieser Risse wird durch Zugspannungen bedingt, welche als Folge der Schubspannungen auftreten. Die Bildung dieser Risse kann durch abgebogone Eisen oder durch Bügel oder durch beide Hilfsmittel zugleich verhindert werden.

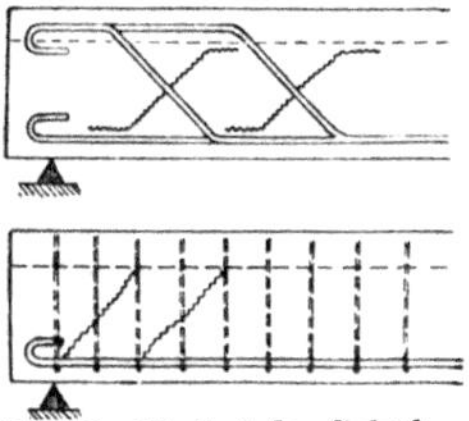

Abb. 76. Einfluß der Schubspannungen.

Die Größe der Schubspannungen ergibt sich aus folgenden Betrachtungen.

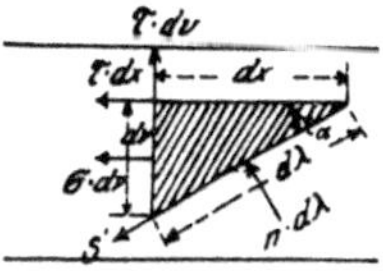

Abb. 77. Schräge Hauptspannungen.

Schneidet man aus dem Balken ein dreiseitiges Prisma heraus, dann müssen die auf diesen Körper wirkenden Kräfte im Gleichgewicht stehen. (Abb. 77.)

$$n \cdot d\lambda = \sigma \cdot dv \cdot \sin\alpha + \tau \cdot dx \cdot \sin\alpha + \tau \cdot dv \cdot \cos\alpha$$

$$n = \sigma \cdot \frac{dv}{d\lambda} \cdot \sin\alpha + \tau \cdot \frac{dx}{d\lambda} \cdot \sin\alpha + \tau \cdot \frac{dv}{d\lambda} \cdot \cos\alpha$$

$$= \sigma \cdot \sin^2\alpha + \tau \cdot \sin\alpha \cdot \cos\alpha + \tau \cdot \sin\alpha \cdot \cos\alpha$$

$$= \sigma \cdot \sin^2\alpha + \tau \cdot \sin 2\alpha.$$

Diese Spannung wird für einen bestimmten Winkel einen Größtwert aufweisen.

$$\frac{\partial n}{\partial \alpha} = 0; \quad \operatorname{tg} 2\alpha = -\frac{2\tau}{\sigma}$$

$$n_{\max} = \frac{\sigma}{2} \pm \sqrt{\frac{\sigma^2}{4} + \tau^2}.$$

Es ist also am Auflager $\sigma = 0$, $n_{\max} = \tau$, $\alpha = 45^0$

in der Mitte $\tau = 0$, $n_{\max} = \sigma$, $\alpha = 90^0$.

Zu dem gleichen Ergebnis gelangt man für den Eisenbetonbalken durch folgende Erwägung. Schneidet man einen prismaartigen Körper (Abb. 78) unterhalb der Nulllinie aus, so ist, da die wagerechten und senkrechten Schubspannungen gleich groß sind und Normalspannungen in der Zugzone nicht wirken,

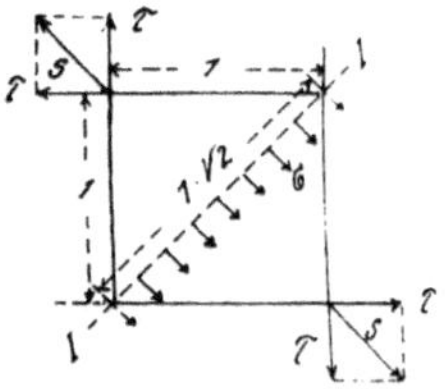

Abb. 78. Schräge Hauptspannungen.

$$\sigma = \frac{S}{1\sqrt{2}} = \frac{\tau \cdot \sqrt{2}}{\sqrt{2}} = \tau$$

d. h. die schräge Hauptspannung ist gleich der Schubspannung.

A. Formeln für die Schub- und Haftspannungen. (Abb. 79.) Durch die beiden Schnitte I und II trennen wir ein Balkenstück von der Länge $d\lambda$ los. Äußere Kräfte mögen auf dasselbe nicht wirken.

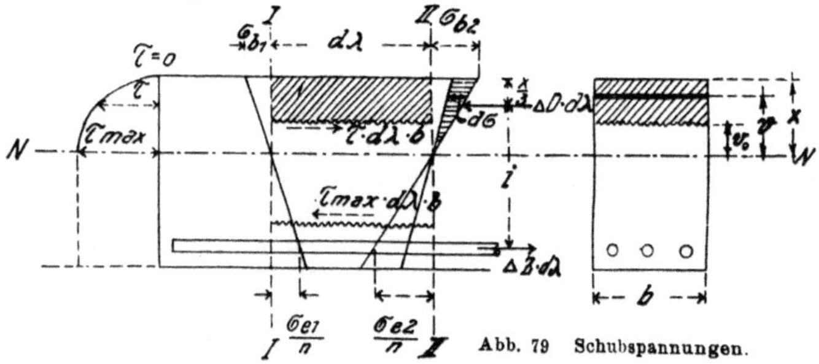

Abb. 79 Schubspannungen.

Nun müssen sich die inneren Spannungen in der Schnittfläche I und II im Gleichgewicht befinden. Subtrahiert man die Betonspannung links und rechts voneinander, dann erhält man in der Druckzone eine resultierende Spannung $\Delta D \cdot d\lambda$ und in der Zugzone erhält man aus den entsprechenden Eisenspannungen $\Delta Z \cdot d\lambda$. In einer Schnittfuge, die um das Maß v_0 über der Nullinie liegt, entstehen horizontale Schubspannungen, deren Größe sich aus den Gleichgewichtsbedingungen an dem abgeschnittenen prismatischen Körperteil aus folgender Gleichung ergibt

$$\tau \cdot d\lambda \cdot b = \triangle D \cdot d\lambda = \int b \cdot d\sigma \cdot dv.$$

Die Betonrandspannung ist nach früheren Untersuchungen

$$\sigma_b = \frac{2M}{b\cdot\left(h'-\frac{x}{3}\right)\cdot x}$$

$$\frac{d\sigma_b}{d\lambda} = \frac{2\frac{\partial M}{\partial\lambda}}{b\left(h'-\frac{x}{3}\right)\cdot x} = \frac{2Q}{b\left(h'-\frac{x}{3}\right)\cdot x}$$

$$d\sigma = \frac{v}{x}\cdot d\sigma_b$$

$$\tau\cdot b = \int_{v_0}^{x} b\cdot\frac{v}{x}\cdot\frac{2Q}{b\left(h'-\frac{x}{3}\right)\cdot x}\cdot dv = \frac{2Q}{x^2\left(h'-\frac{x}{3}\right)}\cdot\int_{v_0}^{x} v\cdot dv$$

$$= \frac{Q(x^2-v_0^2)}{x^2\left(h'-\frac{x}{3}\right)}. \qquad \tau = \tau_{\max} \text{ bei } v_0 = 0; \quad \text{folglich}$$

$$\boxed{\tau_{\max} = \frac{Q}{b\left(h'-\frac{x}{3}\right)} = \tau_0}.$$

Unterhalb der Nullinie bleibt dieser Wert konstant bis zur Mitte der Eisen und sinkt dann bis auf 0 herunter. Einfacher folgt der gleiche Wert aus folgender Betrachtung.

Für einen Schnitt unterhalb der Nullinie ist (Abb. 80)

$$\Delta Z\cdot d\lambda = \tau_{\max}\cdot b\cdot d\lambda$$

$$\tau_{\max} = \frac{\Delta Z}{b}$$

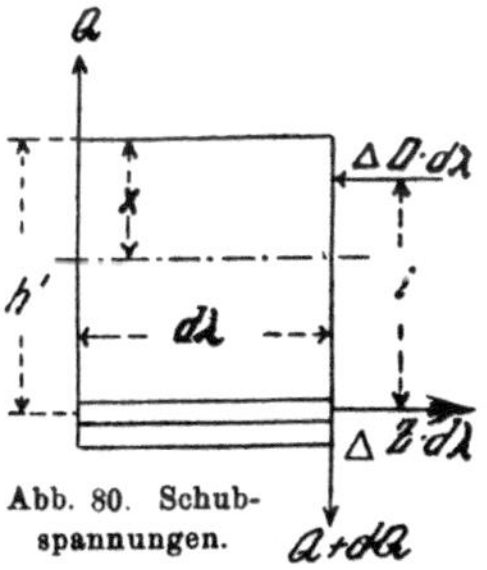

Abb. 80. Schubspannungen.

ΔZ folgt aus der Momentengleichung

$$Q\cdot d\lambda = \Delta Z\cdot d\lambda\cdot i$$

$$\Delta Z = \frac{Q}{i}$$

$$\tau_{\max} = \frac{Q}{b\cdot i} = \frac{Q}{b\left(h'-\frac{x}{3}\right)} = \tau_0.$$

Die Haftspannung am Umfang des Eisens ist

$$\tau_1 = \frac{\Delta Z}{U} = \frac{Q}{i\cdot U}$$

$$\boxed{\tau_1 = \frac{Q}{\left(h'-\frac{x}{3}\right)\cdot U} = \frac{b\cdot\tau_0}{U}}.$$

Damit sind die für die Schubarmierung wichtigen Beziehungen für die Berechnung der Schub- und Haftspannungen hergeleitet.

B. Schub- und Haftspannungen bei Plattenbalken. An dem Körperelement, welches durch die Schnitte I und II begrenzt wird (Abb. 81), denkt man sich Kräfte angebracht, welche zur Herstellung des Gleichgewichts nötig sind. Die Länge des Körperelementes sei „eins". Dann wirkt in der Zugzone die Differenz der Eisenspannungen $\varDelta Z$, in der Druckzone die Differenz der Druckspannungen $\varDelta D$. Der innere Hebelarm sei i. In den Schnittflächen wirken die beiden Querkräfte Q und $Q + dQ$.

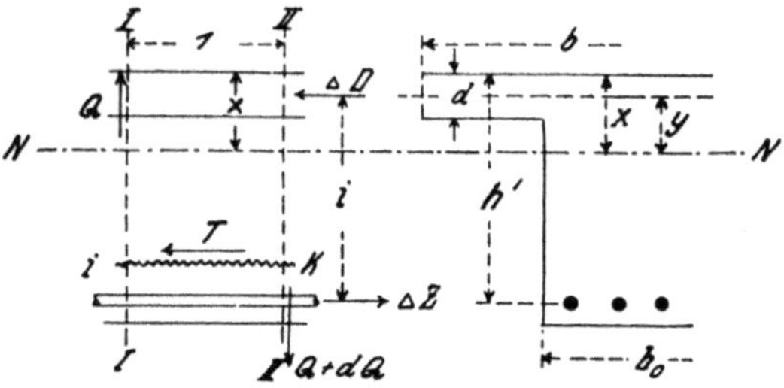

Abb. 81. Schubspannungen beim Plattenbalken.

Die Kraft $\varDelta Z$ muß durch die Schubspannungen in den horizontalen Schnittfugen $i \ldots k$ aufgenommen werden.

Die Schubkraft τ ergibt sich aus der Momentengleichung für den Druckmittelpunkt zu

$$Q \cdot 1 = \varDelta Z \cdot i = \tau_0 \cdot b_0 \cdot 1 \cdot i.$$

Daraus folgt:

$$\boxed{\tau_0 = \frac{Q}{b_0 \cdot i}}.$$

Beim Plattenbalken kann die Nullinie entweder in den Platten liegen oder unterhalb derselben.

Liegt die Nullinie innerhalb der Platte, so ist

$$i = h' - \frac{x}{3};$$

falls die Nullinie unterhalb der Platte liegt, ist zu setzen (vgl. S. 58)

$$i = h' - x + y.$$

Da der Druckmittelpunkt angenähert in der halben Höhe der Platte liegen wird, *so kann man angenähert setzen*

$$i = h' - \frac{d}{2}$$

$$\tau_0 = \frac{Q}{b_0\left(h' - \frac{d}{2}\right)}.$$

Die Schubspannung soll ohne Rücksicht auf abgebogene Eisen und Bügel 14 kg/cm² wegen der Rissebildung im Beton nicht überschreiten (siehe § 17 der Bestimmungen).

$$\tau_{\max} = 14 \text{ kg/cm}^2$$

$$\tau_{\max} = \frac{Q_{\max}}{b_0 \cdot i}.$$

Es muß daher mindestens sein

$$b_{0\,\min} = \frac{Q_{\max}}{14 \cdot i}.$$

Mit Rücksicht auf die Übertragung der Querkräfte ist ferner verlangt, daß nur so lange von Bügeln und abgebogenen Eisen abgesehen werden kann, als die Schubspannung $\leqq 4$ kg/cm² ist (Abb. 82).

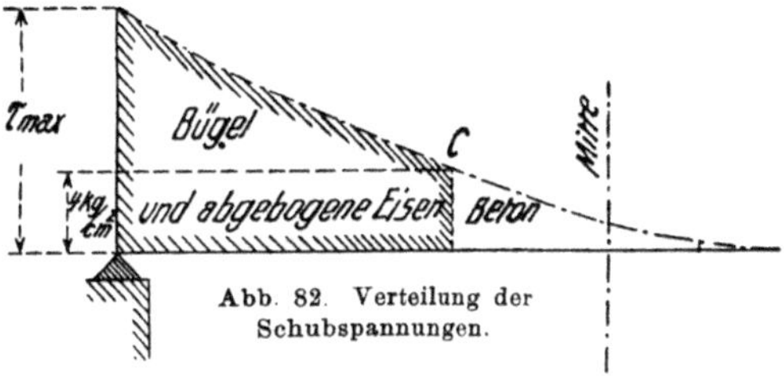

Abb. 82. Verteilung der Schubspannungen.

Die Querkraft bei C ist

$$Q' = \tau_0 \cdot b_0 \cdot i = 4 \cdot b_0 \cdot i.$$

Aus den Schubspannungen berechnen sich auch die Haftspannungen. Die Kraft ΔZ für die Längeneinheit muß durch die Haftspannungen an den Beton abgegeben werden.

Die Haftspannungen sind sonach

$$\tau_1 = \frac{\Delta Z}{u} = \frac{\tau_0 \cdot b_0}{u}.$$

Bezüglich der Haftspannungen sagen die „Bestimmungen", daß diese am Auflager nicht zu berechnen sind, wenn der Eisendurchmesser kleiner als 26 mm ist, und wenn Haken an den Eisen vorhanden sind.

Der innere Grund für diese Bestimmung ist in folgendem zu suchen. Die Eisenspannungen sind proportional den Momenten, also ist

$$Z = \frac{M}{i}. \text{ (Abb. 83.)}$$

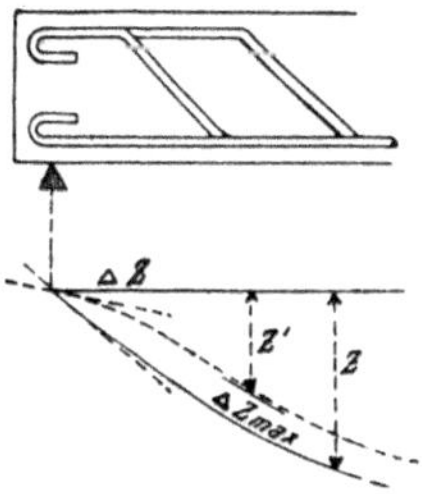

Abb. 83. Schubspannungen am Auflager.

Der rechnerische Wert ΔZ, die Zunahme der Eisenspannungen, entspricht dem Verlauf der Querkraftslinie. Nun ist ist aber zu bedenken, daß die Berechnung nur in der Mitte des Balkens richtig ist, wo Risse auftreten, der Beton also in der Zugzone nicht mitwirkt, dagegen nicht in der Nähe des Auflagers, da hier die Zugspannungen im Beton klein bleiben, dieser daher unterhalb der Nullinie mitträgt. Daraus erkennt man, daß die Haftspannungen in der Nähe des Auflagers wesentlich kleiner sein müssen, als der Rechnung entspricht. Diese Erwägung war wohl auch für die Bestimmung des § 18, Nr. 11 maßgebend, die besagt: falls abgebogene Eisen am Auflager die ganzen Schubspannungen aufnehmen, so ist bei Berechnung der Haftspannungen an den unteren gerade geführten Eisen nur die *halbe Querkraft* in Rechnung zu stellen.

C. Übertragung der Schubspannungen. Schubspannungen, die durch den Beton nicht aufgenommen werden, sollen durch *die Wirkung der abgebogenen Eisen und Bügel* übertragen werden.

Durch Versuche an Eisenbetonbalken ist nachgewiesen:

1. bei armierten Betonbalken tritt am Auflager weder ein Abscheren in vertikaler noch in horizontaler Richtung ein. Die Wirkung der Schubkräfte kommt in schief gerichteten Rissen in der Nähe des Auflagers zum Ausdruck.

2. Die Tragfähigkeit derartiger Balken wird durch die Anordnung von Bügeln *oder* abgebogenen Eisen erhöht. Die günstigste Wirkung wird durch Verwendung von Bügeln *und* abgebogenen Eisen erzielt.

3. Die besten Wirkungen werden erzielt und die Ausführung gestaltet sich am einfachsten, wenn die Bügel senkrecht zum Zugrande stehen, und wenn die abgebogenen Eisen unter 45^0 nach der Druckzone verlaufen.

Alle Zugeisen müssen, ehe sie zur vollen Wirkung gelangen können, in den Beton eingebunden bzw. in der Druckzone verankert werden.

An der Stelle a—a (Abb. 84) mögen die Momente das Vorhandensein eines zweiten Eisens erfordern. Dann darf dieses Eisen nicht erst am Punkte a anfangen, sondern es muß vorher soweit im Beton einbinden, daß die Kraft $\sigma_e \cdot fe$, die im Eisen wirkt, an den Beton abgegeben werden kann. Das geschieht durch die Haftfestigkeit und durch eine Kraft K, die der Wirkung des Hakens entspricht. Es muß also sein:

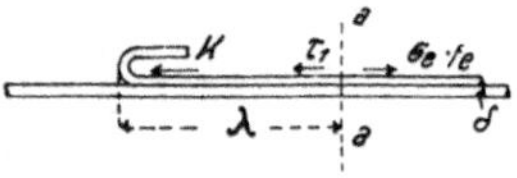

Abb. 84.

$$\sigma_e \cdot fe = \tau_1 \cdot u \cdot \lambda + K.$$

In den deutschen Bestimmungen ist über den Wert K nichts enthalten; in den österreichischen Bestimmungen wird gestattet, daß man bei spitzwinkeligen Eisen einen vierfachen und bei Rundeisen einen zwölffachen Eisendurchmesser zu der Einbindungslänge zuschlagen darf.

Bei der Berechnung der Schubbewehrung kann man von der Querkraftlinie ausgehen. Für den einfachen Balken, der gleichmäßig mit g und p belastet ist, ergeben sich die größten Querkräfte aus den bekannten Querkraftslinien der Abb. 85. Der Beton allein kann aufnehmen

$$Q' = 4 \cdot b_0 \cdot i.$$

Diese Kraft trage man in die Querkraftsfläche ein. Sie liefert den Punkt C, rechts dessen die Schubspannungen allein durch den Beton aufgenommen werden. Die übrige schraffierte Fläche muß durch abgebogene Eisen und Bügel aufgenommen werden.

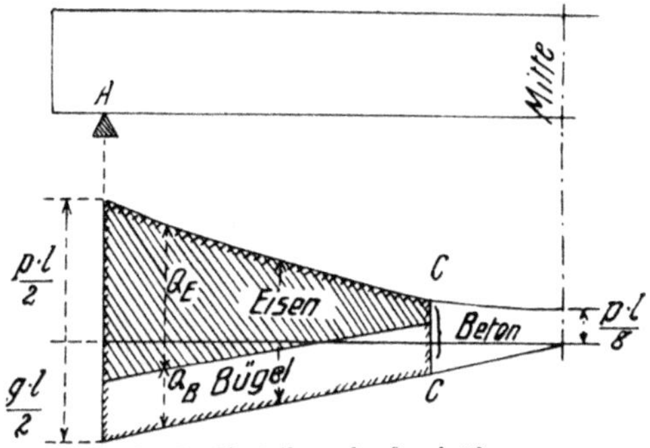

Abb. 85. Verteilung der Querkräfte.

Anteil der auf die Bügel entfallenden Querkraft Q_B. An dem Stabelement von der Länge e wirkt in der Zugzone $\varDelta Z \cdot e$ und in der Druckzone $\varDelta D \cdot e$, wenn $\varDelta D$ und $\varDelta Z$ die Zunahme von D und Z *auf die Längeneinheit* bedeuten. Die Kraft $\varDelta Z \cdot e$ zerlegt man in eine Kraft, die in Richtung des Pfeiles, ungefähr unter 45°, wirkt und in eine Kraft, die im Bügel wirkt. (Abb. 86.) Man kann den Balken in diesem Falle als Fachwerkkonstruktion auffassen, bei der die Zugeisen den Untergurt, die Bügel die Pfosten und der Beton die Druckdiagonalen bildet (Abb. 87). Die Querkraft, die durch die Bügel aufgenommen werden kann, folgt aus:

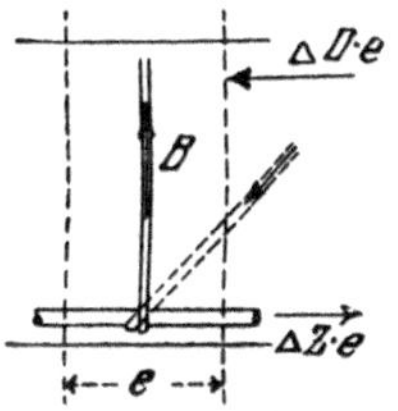
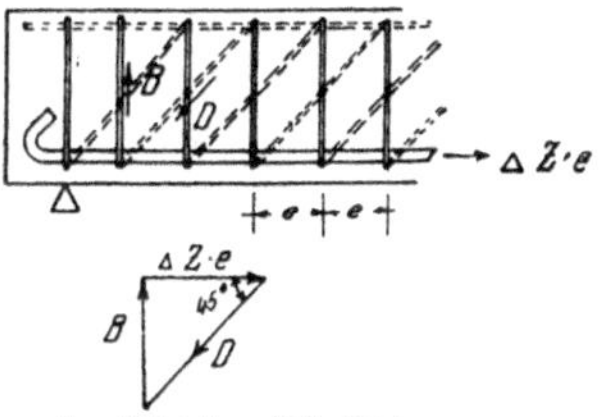

Abb. 86. Beanspruchung der Bügel. Abb. 87.

$$B = \varDelta Z \cdot e = \frac{Q_B \cdot e}{i} = \sigma_e \cdot Fe,$$

$$Q_B = \frac{\sigma_e \cdot Fe \cdot i}{e},$$

worin mit Fe die Gesamtquerschnittsfläche einer Bügelanordnung bezeichnet ist

$$\sigma_e = 800 - 1200 \text{ kg/cm}^2.$$

Führt man die Querschnittsfläche *eines Bügelschenkels* mit fe ein, so schreibt sich obige Formel $Q_B = \frac{m \cdot \sigma_e \cdot fe \cdot i}{e}$, worin m die Anzahl der Schenkel einer Bügelanordnung bedeutet (Abb. 88).

Die Schubspannung, die dementsprechend auf die Bügel entfällt, berechnet man aus

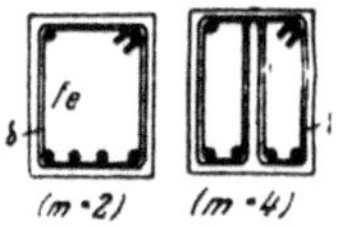

Abb 88. Anordnung der Bügel.

$$\tau_{0B} \cdot b_0 \cdot i = \frac{m \cdot \sigma_e \cdot fe \cdot i}{e}$$

$$\tau_{0B} = \frac{m \cdot \sigma_e \cdot fe}{b_0 \cdot e}.$$

Anteil der auf die abgebogenen Eisen entfallenden Querkraft Q_E. Sind nur abgebogene Eisen vorhanden, so kann man sich die Wirkung so vorstellen, wie sie bei dem Fachwerke mit gekreuzten Diagonalen vorliegt. (Abb. 89.) Man kann also für irgendeinen Schnitt I ... I

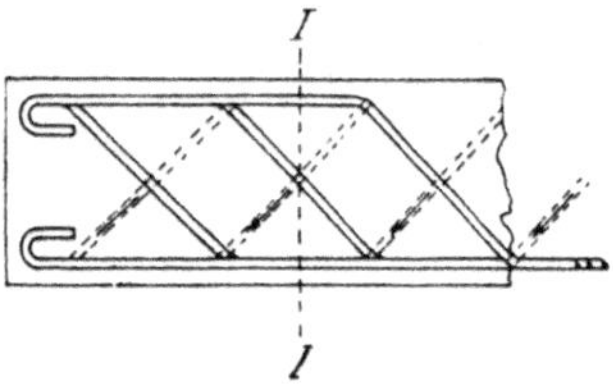

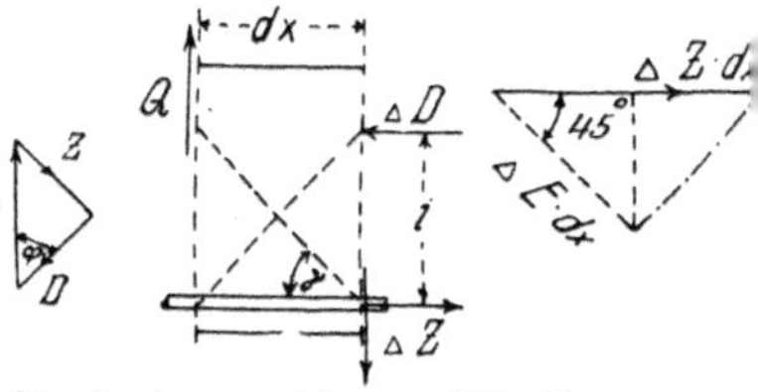

Abb. 89. Beanspruchung der abgebogenen Eisen. Abb. 90.

die Querkraft zerlegen nach Z und D, wobei Z der Richtung der abgebogenen Eisen entspricht und D senkrecht dazu steht. Man erhält die Druckkraft im Beton gleich der Zugkraft im Eisen

$$D = Z = Q_E \cdot \cos\varphi \quad \text{und} \quad \sigma_e = \frac{Q_E \cdot \cos\varphi}{fe}.$$

Zu einem ähnlichen Ergebnis führt folgende Berechnung (Abb. 90). Zerlegt man ΔZ nach der Richtung des abgebogenen Eisens und nach der Richtung senkrecht dazu, so erhält man für den meist vorliegenden Fall, daß $\alpha = 45^0$ ist,

$$\Delta E \cdot dx = \frac{\Delta Z \cdot dx}{\sqrt{2}}$$

$$\Delta E = \frac{\Delta Z}{\sqrt{2}} = \frac{Q}{i\sqrt{2}}$$

und die gesamte Eisenkraft

$$E = \int \frac{Q \cdot dx}{i \cdot \sqrt{2}}.$$

Die nötige Anzahl der abgebogenen Eisen folgt aus:

$$n \cdot fe \cdot \sigma_e = \int \frac{Q \cdot dx}{i \cdot \sqrt{2}}.$$

$$n = \frac{F_Q}{i \cdot \sqrt{2} \cdot fe \cdot \sigma_e},$$

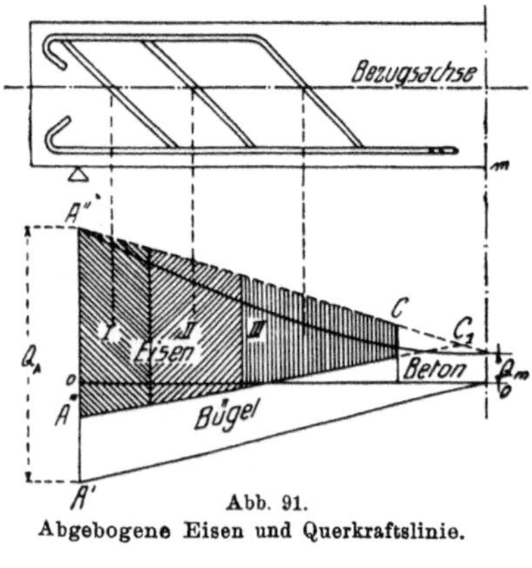

Abb. 91. Abgebogene Eisen und Querkraftslinie.

wobei F_Q den Inhalt der Querkraftsfläche bezeichnet, und die Spannung der abgebogenen Eisen

$$\sigma_e = \frac{F_Q}{n \cdot fe \cdot i \cdot \sqrt{2}}.$$

Will man die Spannung aller abgebogenen Eisen gleich groß erhalten, so ergibt sich die in Abb. 91 dargestellte Konstruktion, wobei die Flächen I, II und III inhaltsgleich sind. Statt der gekrümmten Querkraftlinie genügt es in den meisten Fällen, eine gerade Linie einzuführen. Die *Bezugsachse* für die abzubiegenden Eisen legt man am besten in die Mitte zwischen den Zugeisen und der Balkenoberkante, bei Plattenbalken in die Mitte zwischen den Zugeisen und der Plattenunterkante; bei auskragenden (Konsol-) Balken jedoch in die Mitte zwischen den (oben liegenden) Zugeisen und der Nulllinie. (Vgl. hierzu Mörsch, 1. Band II, S. 46 ff.)

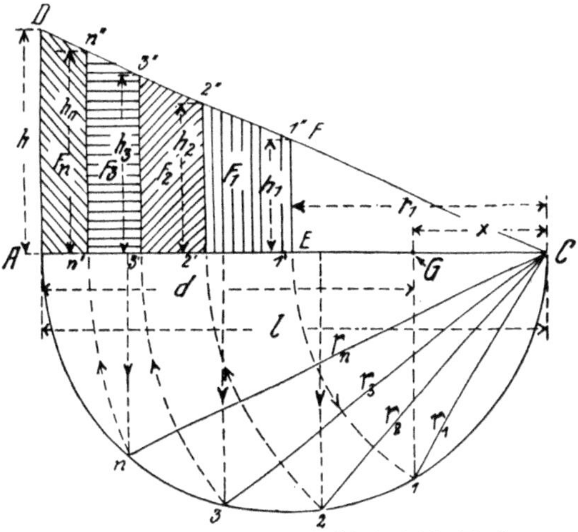

Abb. 92. Teilung eines Trapezes in inhaltsgleiche Flächen.

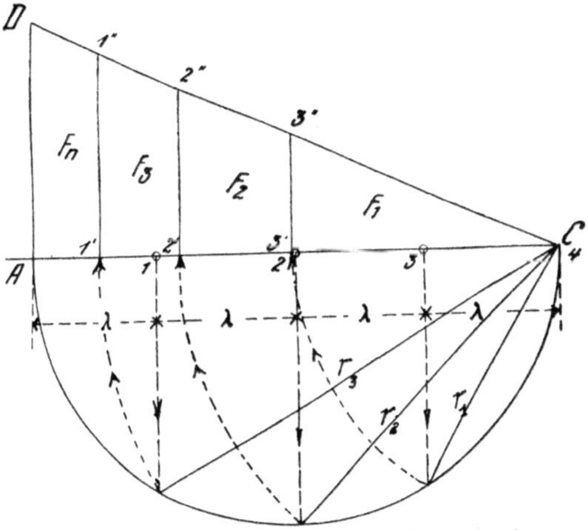

Abb. 93. Teilung eines Dreiecks in inhaltsgleiche Flächen.

Die Einteilung der Querkraftfläche in gleiche Teile kann nach den in Abb. 92 und 93 gegebenen Konstruktionen erfolgen. Teilung des Trapezes und Beweis hierfür mag näher besprochen werden; die Konstruktion für das Dreieck ergibt sich hieraus als Sonderfall.

Bringe beide nicht parallele Seiten des Trapezes zum Schnitt in C und beschreibe über AC einen Halbkreis. Mit CE als Radius findet man r_1 und dessen Projektion $= CG = x$.

Nun teile man AG in n gleiche Teile und findet durch die Projektionslote die Radien $r_2, r_3 \ldots r_n$. Beschreibt man mit diesen Radien Kreise um C, so schneiden diese die Strecke AE in den Punkten $1', 2', \ldots n'$. Die Senkrechten in diesen Punkten schneiden gleiche Flächen $F_1, F_2, \ldots F_n$ aus der Trapezfläche aus. Der Beweis kann indirekt wie folgt geführt werden.

Teilung eines *Trapezes* in n gleiche Teile.

Aus der Abb. 92 ergibt sich, daß

$$x \cdot l = r_1^2 \text{ (nach dem Satz des Euklid).}$$

Hieraus

$$r_1 = \sqrt{x \cdot l}$$

$$r_2 = \sqrt{\left(x + \frac{d}{n}\right) l}$$

$$r_3 = \sqrt{\left(x + \frac{2d}{n}\right) l}$$

$$\cdots\cdots\cdots\cdots$$

$$r_n = \sqrt{\left[x + \frac{(n-1)d}{n}\right] l}.$$

Ferner ist

$$h_1 : r_1 = h : l;$$

$$h_1 = \frac{h \cdot r_1}{l}; \quad h_2 = \frac{h \cdot r_2}{l}; \quad h_3 = \frac{h \cdot r_3}{l}; \quad \ldots h_n = \frac{h \cdot r_n}{l}.$$

$$F_1 = \frac{(h_2 + h_1)}{2}(r_2 - r_1) = \frac{h}{2l}(r_2 + r_1)(r_2 - r_1) = \frac{h}{2l}(r_2^2 - r_1^2) =$$

$$= \frac{h}{2l}\left[\left(x + \frac{d}{n}\right) l - x \cdot l\right] = \frac{h \cdot d}{2n}.$$

$$F_2 = \frac{(h_3 + h_2)}{2}(r_3 - r_2) = \frac{h}{2l}(r_3 + r_2)(r_3 - r_2) = \frac{h}{2l}(r_3^2 - r_2^2) =$$

$$= \frac{h}{2l}\left[\frac{(x + 2d) l}{n} - \left(x + \frac{d}{n}\right) l\right] = \frac{h \cdot d}{2n}.$$

$$\cdots\cdots\cdots\cdots\cdots\cdots\cdots\cdots$$

$$F_n = \frac{h + h_n}{2}(l - r_n) = \frac{h}{2l}(l + r_n)(l - r_n) = \frac{h}{2l}(l^2 - r_n^2) =$$

$$= \frac{h}{2l}\left[l^2 - \left(x + \frac{(n-1)d}{n}\right) l\right] = \frac{h \cdot d}{2n}.$$

Daraus ist ersichtlich, daß die Flächen F inhaltsgleich sind und daß ihre Summe gleich dem zu teilenden Trapez ist.

Teilung eines *Dreiecks* in n gleiche Teile.

Der Beweis der Konstruktion ergibt sich aus dem Beweis zur Teilung des Trapezes, wenn man $d = l$ und $x = 0$ setzt, dann wird:

$$F_1 = \frac{h \cdot l}{2n} = F_2 = F_3 = F_n$$

$$\Delta ADC = \frac{h \cdot l}{2} = n \cdot \frac{h \cdot l}{2n}.$$

14. Berechnung von Platten.

Es handelt sich hierbei um Platten über rechteckigem Grundriß, die an allen vier Kanten aufliegen oder eingespannt sind. Solche Platten kommen im Eisenbetonbau recht häufig vor. Sie bilden Konstruktionselemente bei der Abdeckung der Bürgersteige von Brücken und dergleichen; auch gebraucht man sie in der reinen Verbundkonstruktion als Teile der Plattenbalkendecken. Die Armierung derartiger Platten erfolgt kreuzweise. (Abb. 94.)

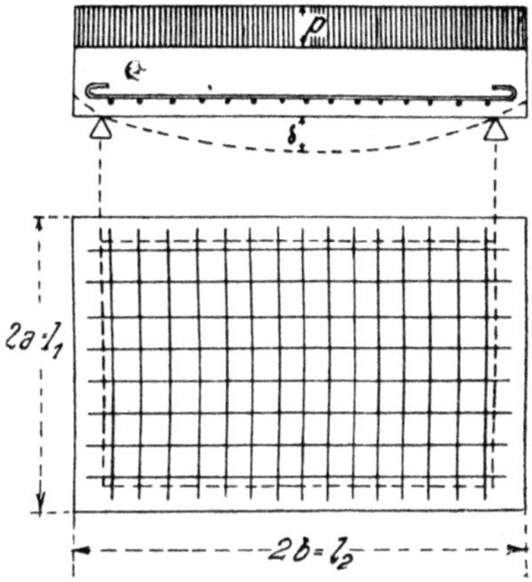

Abb. 94. Kreuzweis armierte Platte.

Die größeren Momente treten für die kürzere Seitenrichtung auf; dementsprechend werden die Eisen parallel der kürzeren Seite der Platte dichter und an der unteren Kante liegen. Darüber liegen parallel der langen Seite ebenfalls Eisen, welche an den Kreuzungsstellen durch Bindedraht mit den ersteren verbunden sind. Bezeichnet man die gleichmäßig verteilte Belastung der Platte mit p, dann wird ein Teil dieser Nutzlast nach den Seiten l_1, ein anderer Teil nach den Seiten l_2 übertragen werden; die entsprechenden Lastenanteile seien p_1 bzw. p_2. Es kommt nun darauf an, festzustellen, in welcher Weise die Verteilung stattfindet.

Denkt man sich die Platte parallel den beiden Seiten in Streifen zerlegt, wobei man die Wirkung der Schubspannungen vernachlässigt, so gilt für die mittleren Streifen, daß die Durchbiegungen gleich groß sein müssen.

Es ist $$\delta_m = \frac{5}{384} \cdot \frac{p_1 \cdot l_1^4}{E \cdot J_1} = \frac{5}{384} \cdot \frac{p_2 \cdot l_2^4}{E \cdot J_2}.$$

Setzt man angenähert $J_1 = J_2$,

so wird 1. $p_1 \cdot l_1^4 = p_2 \cdot l_2^4$,

ferner ist 2. $p_1 + p_2 = p$.

Mit Hilfe dieser beiden Gleichungen können p_1 und p_2 bestimmt werden. Man erhält:

$$p_1 = p \cdot \frac{l_2^4}{l_1^4 + l_2^4},$$

$$p_2 = p \cdot \frac{l_1^4}{l_1^4 + l_2^4}.$$

Mit diesen Werten ergeben sich

a) für die freiaufliegende Platte

$$M_1^{\max} = \frac{p_1 \cdot l_1^2}{8} = \frac{l_2^4}{l_1^4 + l_2^4} \cdot \frac{p \cdot l_1^2}{8}$$

$$M_2^{\max} = \frac{p_2 \cdot l_2^2}{8} = \frac{l_1^4}{l_1 + l_2^4} \cdot \frac{p \cdot l_2^2}{8}.$$

Es sind dies also die Momente der an *zwei* Rändern aufliegenden Platten mit der Länge l_1 bzw. l_2, multipliziert mit den Verteilungsfaktoren

$$\mu_1 = \frac{l_2^4}{l_1^4 + l_2^4} \quad \text{und} \quad \mu_2 = \frac{l_1^4}{l_1^4 + l_2^4}.$$

b) für die vollkommen eingespannte Platte (Abb. 95)

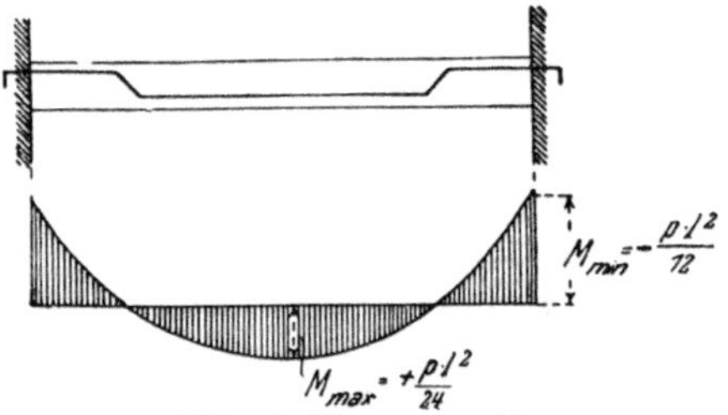

Abb. 95. Eingespannte Platte.

Moment in Trägermitte

$$= + \frac{p \cdot l^2}{24} \cdot \mu$$

Moment am Auflager

$$= - \frac{p \cdot l^2}{12} \cdot \mu.$$

Der Verteilungsfaktor μ kann ebenso groß wie bei der frei aufliegenden Platte gewählt werden.

Eine volle Einspannung ist bei Hochbauten sehr schwer zu erzielen. Man rechnet daher bei Plattenkonstruktionen meist mit teilweiser Einspannung.

Z. B. für halbe Einspannung

Moment in Trägermitte $= + \frac{p \cdot l^2}{12} \cdot \mu$

Moment am Auflager $= - \frac{p \cdot l^2}{24} \cdot \mu.$

Der Verteilungsfaktor ist insofern interessant, als er mit zunehmender Größe der langen Seite l_2 sehr schnell abnimmt.

Setzt man für $\mu = \frac{l_1^4}{l_1^4 + l_2^4} = \frac{1}{1 + \frac{l_2^4}{l_1^4}}$

$l_1 = l_2,$

dann wird $\mu = \frac{1}{2}.$

Setzt man $l_2 = 2\, l_1,$

so erhält man $\mu = \frac{1}{17}.$

Es empfiehlt sich also bei einem Verhältnis $\frac{l_2}{l_1} \geqq 2$ die Platte nicht mehr als allseitig, sondern nur als zweiseitig gelagert zu rechnen.

Die folgende zweite Art der Berechnung mit Hilfe des Diagonalmomentes ist von **Bach** aufgestellt worden. Bei einer rechteckigen oder quadratischen Platte, die bis zum Bruch belastet wird, zeigt sich, daß die Platte in der Weise zerstört wird, daß sich in der Diagonalrichtung Risse bilden (Abb. 96). Denkt man sich die Platte in der Diagonalen durchschnitten und mit q belastet,

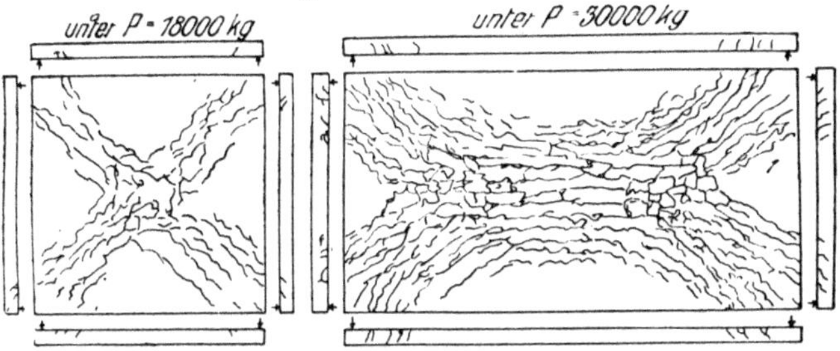

Abb. 96. Rissebildung bei Plattenversuchen.

so wirken an dem abgeschnittenen Plattenteil ABC drei äußere Kräfte: im Schwerpunkt S die äußere Kraft Q und in den Mitten der Auflagerkanten die beiden Kräfte A und B. (Abb. 97.) Das Moment dieser drei Kräfte für die Diagonale muß dem Moment der inneren Spannungen gleich sein. Man erhält also

$$M_d = (A + B) \cdot \frac{c}{2} - Q \cdot \frac{c}{3}.$$

Da der Schnitt symmetrisch gelegt ist, muß $A + B = Q$ sein, also

$$M_d = Q\left(\frac{c}{2} - \frac{c}{3}\right) = Q \cdot \frac{c}{6}.$$

Den Wert von Q kann man nun leicht errechnen:

$$Q = 2\,a \cdot b \cdot q$$

mit $$c = \frac{2\,ab}{\sqrt{a^2 + b^2}}$$

wird $$M_d = \frac{2}{3}\,\frac{a^2 \cdot b^2 \cdot q}{\sqrt{a^2 + b^2}}.$$

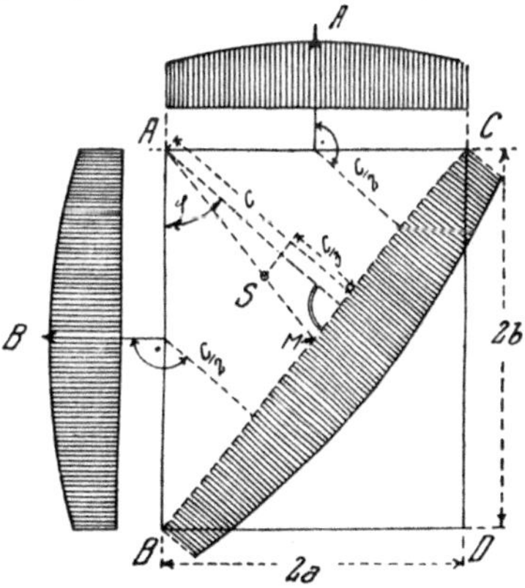

Abb. 97.
Biegungsmomente der rechteckigen Platte.

Dieses Moment ist jedoch nicht gleichmäßig über die Diagonale verteilt, sondern es wird in der Mitte der Platte größer sein als an den Enden. Dem trägt man praktisch dadurch Rechnung, daß man die Eisen in der Nähe der Plattenmitte etwas dichter legt als in der Nähe der Ränder.

Abb. 98. Zerlegung des Diagonalmomentes.

Falls aus dem Moment M die Eisen berechnet werden sollen, zerlegt man das Moment nach den, den Eisen parallelen Komponenten. (Abb. 98.)

$$M_a = M_d \cdot \sin\varphi = M_d \frac{b}{\sqrt{a^2 + b^2}}$$

$$M_b = M_d \cdot \cos\varphi = M_d \cdot \frac{a}{\sqrt{a^2 + b^2}} .$$

Berechnung der Randträger kreuzweise armierter Platten. Die genauere Untersuchung über die Auflagerkräfte kreuzweise armierter Platten führt zu umständlichen mathematischen Formeln. Eingehende Untersuchungen finden sich in folgenden Veröffentlichungen:

1. Dr.-Ing. Henky, Über den Spannungszustand in rechteckigen ebenen Platten. 1913.

2. Dr.-Ing. Leitz, Die Berechnung der freiaufliegenden rechteckigen Platten. 1914.

Hiernach faßt man näherungsweise die Winkelhalbierenden als Grenze der Belastungsflächen der Unterzüge auf (Abb. 99).

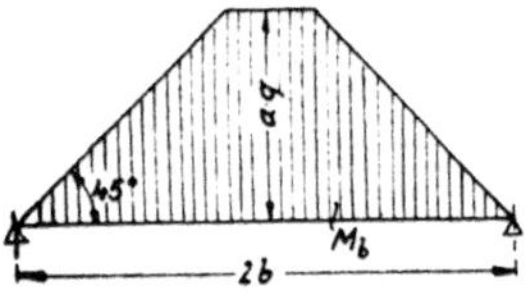

Abb. 99. Lastverteilung auf die Randträger.

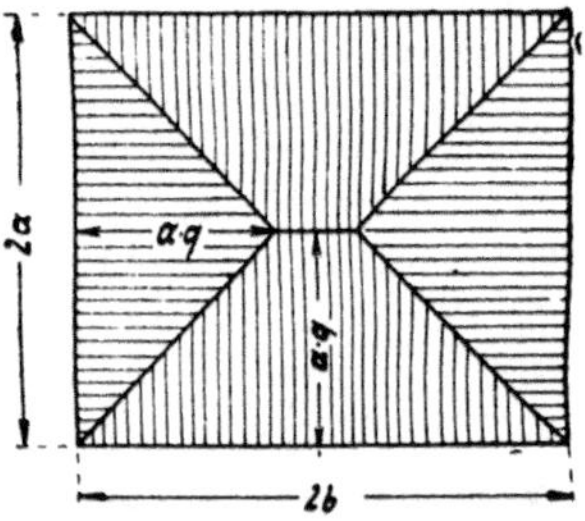

3. Dr.-Ing. Bosch, Kreuzförmig armierte Platten. 1908.

Bosch führt statt der wirklich vorhandenen Belastung der Unterzüge äquivalente gleichmäßig verteilte Belastung ein und erhält dafür die Formeln

$$q_a = \left(0{,}5 - \frac{0{,}4\,\lambda^2}{1 + \lambda^2}\right) \cdot 2b \cdot q \text{ (kg/m)}$$

$$q_b = \left(\frac{0{,}49\,(1{,}35 \cdot \lambda + \lambda^2)}{1{,}6 + \lambda + \lambda^2}\right) \cdot 2a \cdot q \text{ (kg/m)}.$$

Hierin bedeutet $\lambda = \frac{b}{a}$.

Diese Formeln liefern etwas zu kleine Biegungsmomente, können aber für überschlägliche Berechnungen benutzt werden.

15. Durchlaufende Platten und Träger.

Im Eisenbetonbau werden durchlaufende Konstruktionen häufiger verwendet als im Eisenbau. Die Vorteile der durchlaufenden Konstruktionen beim Eisenbetonbau ergeben sich aus der Art der Herstellung und aus der Berechnung der Konstruktionen als statisch unbestimmte Systeme.

Wenn eine durchlaufende Konstruktion auf n Stützen vorliegt, so wird in der Regel von diesen n Stützen eine Stütze unbeweglich und die übrigen beweglich ausgebildet. Es sind also

$n + 1$ Auflagerkräfte vorhanden, und der Balken ist

$n - 2$ fach statisch unbestimmt.

Als statisch nicht bestimmbare Größe kann man entweder die Stützendrucke einführen oder, wie es meistens geschieht, die Stützenmomente. (Abb. 100.)

Die Berechnung der auftretenden Stützenmomente und Feldmomente kann für ruhende Last mit Hilfe der Clapeyronschen Gleichungen erfolgen. Für gleiche Feldweiten und für gleichbleibende Querschnittsgrößen werden die Berechnungen durch Tabellen erleichtert. (Vgl. die Winklerschen Zahlen, sowie

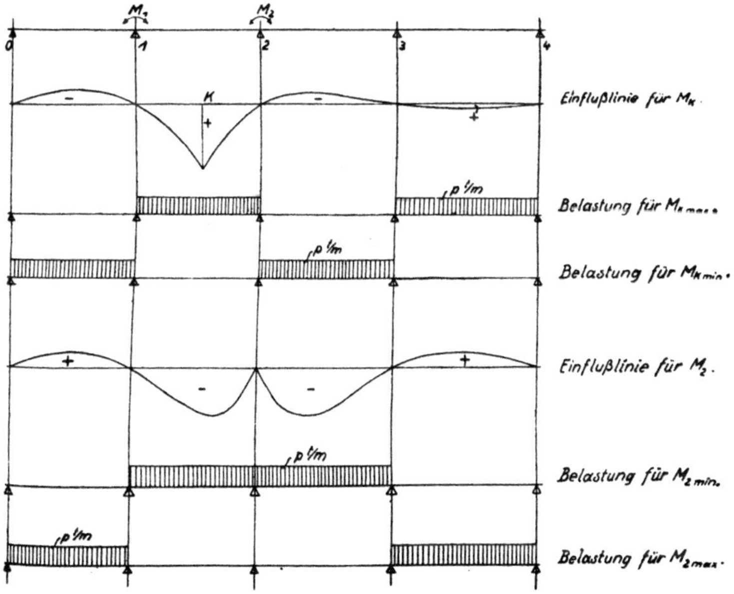

Abb. 100. Einflußlinie des durchlaufenden Balkens.

Tabellen von Griot, Verlag Schultheß in Zürich, und Einflußlinien von Dr.-Ing. Lederer, Verlag W. Ernst und Sohn, Berlin W.)

Bei beweglicher Nutzbelastung muß der Träger so belastet werden, daß die ungünstigsten Momente entstehen. In welcher Weise die Belastung geschehen muß, ersieht man am besten aus dem Verlauf der Einflußlinien. Die Größe der Ordinaten ist hierbei belanglos. Für einen Punkt K des Trägers gewinnt man über die Form der Einflußlinie am leichtesten eine richtige Vorstellung, wenn man sich in K ein Gelenk denkt und dieses System mit $M = 1$ im Punkte K belastet. Die Biegelinie für $M = 1$ ist die Einflußlinie für das Moment. (Abb. 100.)

Für die Wahl der ungünstigsten Belastungen durchlaufender Platten und Balken ist ferner die Gestaltung der Einflußlinien für die Stützenmomente von Wichtigkeit. Die Einflußlinie für das Stützenmoment im Auflagerpunkt 2 erhält man, wenn man den Träger im Punkte 2 durchschneidet und mit $M = 1$ belastet. Die Biegelinie hat die in der Abb. 100 angegebene Form und ist gleichzeitig Einflußlinie des Stützmomentes.

Aus der Form der Einflußlinie sind zunächst für gleichmäßige Belastungen die ungünstigsten Laststellungen gegeben, und man

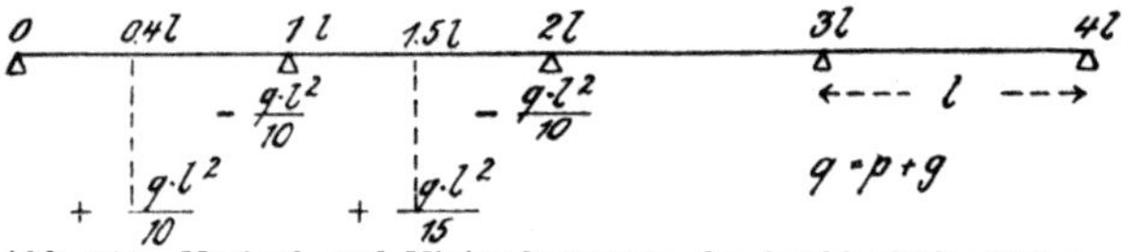

Abb. 101. Maximal- und Minimalmomente des durchlaufenden Balkens zur überschläglichen Berechnung.

kann mit Hilfe der Clapeyronschen Gleichung die Momente und Querkräfte berechnen. Für einen durchlaufenden Träger auf fünf Stützen ergeben sich bei gleichförmiger Belastung die in Abb. 101 eingetragenen Größtwerte der Momente, welche für überschlägige Dimensionierung zugrunde gelegt werden können.

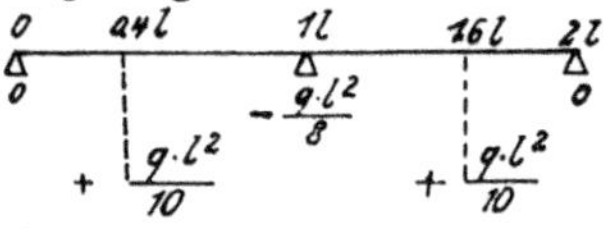

Abb. 102. Maximal- und Minimalmomente des Balkens auf 3 Stützen.

Für den Träger auf drei Stützen können die in Abb. 102 eingetragenen Näherungswerte zugrunde gelegt werden.

Genauere Werte für den Träger auf drei und vier Stützen mit gleicher Feldweite liefert die nachstehende Zahlentafel. In ihr ist der Einfluß des Eigengewichts und der Nutzlast getrennt angegeben; es ist ferner für jeden Punkt des Trägers das Maximal- und Minimalmoment, sowie die maximale und minimale Querkraft angegeben und zwar für eine große Anzahl Punkte der einzelnen Felder.

Gleichförmig belastete Balken auf drei und vier Stützen.

(Vgl. Hütte, 23. Aufl. Bd. III, S. 135.)

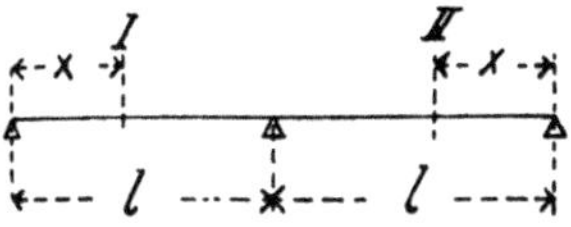

Abb. 103.

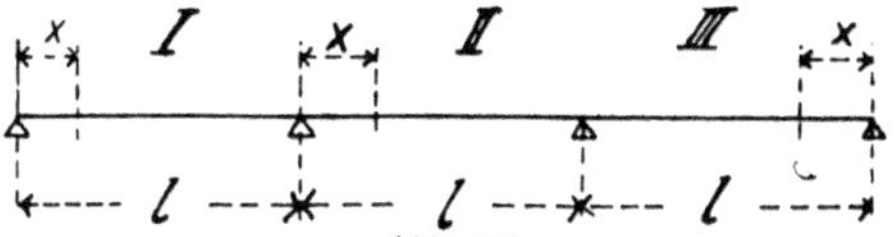

Abb. 104.

$$M_{max} = (A \cdot g + B \cdot p) \cdot l^2, \qquad M_{min} = (A \cdot g + C \cdot p)\, l^2,$$

$$Q_{max} = (D \cdot g + E \cdot p) \cdot l, \qquad Q_{min} = (D \cdot g + F \cdot p)\, l.$$

Abb. 103 u. 104		Verhältnis $\frac{x}{l}$	Biegungsmomente			Querkräfte		
			Einfluß von g	Einfluß von p		Einfluß von g	Einfluß von p	
			A	B	C	D	E	F
Freiaufliegender Balken m 3 Stützen	Öffnung I und II (Abb. 103)	0,0	0,0000	0,00000	0,00000	+0,375	+0,4375	-0,0625
		0,1	+0,0325	+0,03875	-0,00625	+0,275	+0,3437	-0,0687
		0,2	+0,0550	+0,06750	-0,01250	+0,175	+0,2624	-0,0874
		0,3	+0,0675	+0,08625	-0,01875	+0,075	+0,1932	-0,1182
		0,375	+0,0703	+0,09375	-0,02344	0,000	+0,1491	-0,1491
		0,4	+0,0700	+,009500	-0,02500	-0,025	+0,1359	-0,1609
		0,5	+0,0625	+0,09375	-0,03125	-0,125	+0,0898	-0,2148
		0,6	+0,0450	+0,08250	-0,03750	-0,225	+0,0544	-0,2794
		0,7	+0,0175	+0,06125	-0,04375	-0,325	+0,0287	-0,3537
		0,75	0,0000	+0,04688	-0,04688	-0,375	+0,0193	-0,3943
		0,8	-0,0200	+0,03000	-0,05000	-0,425	+0,0119	-0,4369
		0,85	-0,0425	+0,01523	-0,05773	-0,475	+0,0064	-0,4814
		0,9	-0,0675	+0,00611	-0,07361	-0,525	+0,0027	-0,5277
		0,95	-0,0950	+0,00138	-0,09638	-0,575	+0,0007	-0,5757
		1,0	-0,1250	0,00000	-0,12500	-0,625	0,0000	-0,6250
Frei aufliegender Balken mit 4 Stützen	Öffnung I und III (Abb. 104)	0,0	0,0000	0,000	0,000	+0,4	+0,4500	-0,0500
		0,1	+0,035	+0,040	-0,005	+0,3	+0,3560	-0,0563
		0,2	+0,060	+0,070	-0,010	+0,2	+0,2752	-0,0752
		0,3	+0,075	+0,090	-0,015	+0,1	+0,2065	-0,1065
		0,4	+0,080	+0,100	-0,020	0,0	+0,1496	-0,1496
		0,5	+0,075	+0,100	-0,025	-0,1	+0,1042	-0,2042
		0,6	+0,060	+0,090	-0,030	-0,2	+0,0694	-0,2694
		0,7	+0,035	+0,070	-0,035	-0,3	+0,0443	-0,3443
		0,7895	+0,00414	+0,04362	-0,03948			
		0,8	0,0000	+0,04022	-0,04022	-0,4	+0,0280	-0,4280
		0,85	-0,02125	+0,02773	-0,04898			
		0,9	-0,04500	+0,02042	-0,06542	-0,5	+0,0193	-0,5191
		0,95	-0,07125	+0,01706	-0,08831			
		1,0	-0,10000	+0,01667	-0,11667	-0,6	+0,0167	-0,6167
	Öffnung II (Abb. 104)	0,0	-0,10000	+0,01667	-0,11667	+0,5	+0,5833	-0,0833
		0,05	-0,07625	+0,01408	-0,09033			
		0,10	-0,05500	+0,01514	-0,07014	+0,4	+0,4870	-0,0870
		0,15	-0,03625	+0,02053	-0,05678			
		0,20	-0,020	+0,030	-0,050	+0,3	+0,3991	-0,0991
		0,2764	0,000	+0,050	-0,050			
		0,3	+0,005	+0,055	-0,050	+0,2	+0,3210	-0,1210
		0,4	+0,020	+0,070	-0,050	+0,1	+0,2537	-0,1537
		0,5	+0,025	+0,075	-0,050	0,0	+0,1979	-0,1979

Der Einfluß von Stützensenkungen. Wenn sich nur die Mittelstützen 1 und 2 senken, werden die Stützenmomente kleiner und die Feldmomente größer. Die Momentenkurve wird also in-

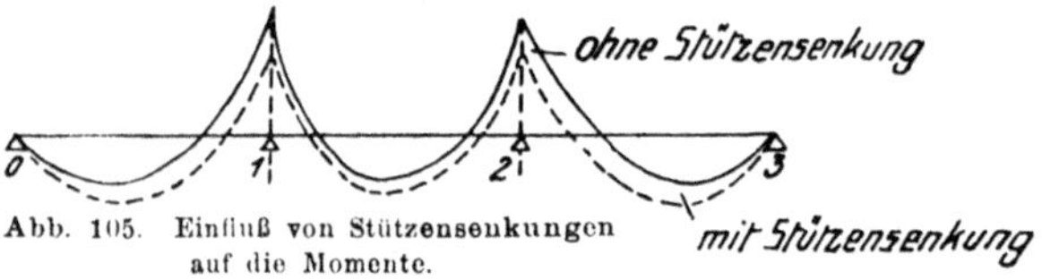

Abb. 105. Einfluß von Stützensenkungen auf die Momente.

folge der Stützensenkung einen Verlauf nehmen, wie es durch die punktierte Linie in Abb. 105 angedeutet ist. Durch Senkung der Endstützen ist auch eine Vergrößerung der Stützenmomente möglich.

Ungleiche Feldweiten. Ist die Feldweite zweier benachbarter Felder nicht allzu verschieden, so kann man die Werte für die Momente des durchlaufenden Balkens mit gleicher Feldweite verwenden. Für die Stützenmomente empfiehlt es sich, das arithmetische Mittel der anschließenden Feldweiten zugrunde zu legen; für das Feldmoment empfiehlt es sich, mit der Stützweite des betreffenden Feldes zu rechnen.

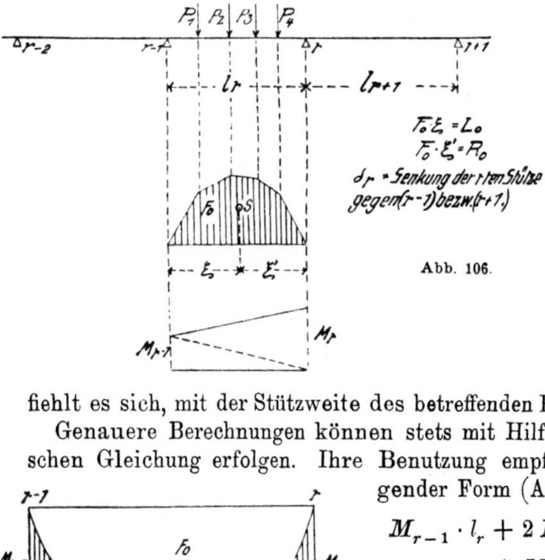

Abb. 106.

Genauere Berechnungen können stets mit Hilfe der Clapeyronschen Gleichung erfolgen. Ihre Benutzung empfiehlt sich in folgender Form (Abb. 106):

$$M_{r-1} \cdot l_r + 2\, M_r \cdot (l_r + l_{r+1}) + M_{r+1} \cdot l_{r+1} = N_r .$$

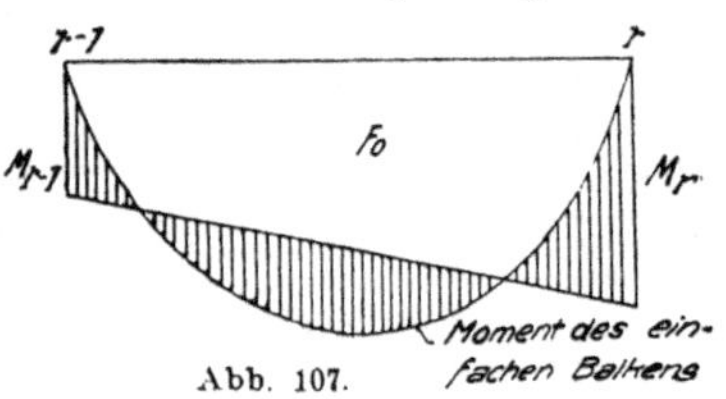

Abb. 107.

Das Glied N_r, welches von der Belastung, den Trägerabmessungen und etwaigen Stützensenkungen abhängig ist, ergibt sich wie folgt:

$$N_r = -\frac{6\, L_{0\,r}}{l_r} - \frac{6\, R_{0\,(r+1)}}{l_{r+1}} - \frac{6\, E \cdot J \cdot \delta_r \cdot (l_r + l_{r+1})}{l_r \cdot l_{r+1}} . \,^{1)}$$

Mit Hilfe dieser Gleichungen sind für jede beliebige Feldweite und für jede Stützensenkung die Momente über den Stützen zu be-

1) Vgl. z. B. „Hütte", 23. Aufl. Bd. III, S. 126.

rechnen. Aus den Stützenmomenten finden sich die Momente des durchlaufenden Trägers in bekannter Weise mit Hilfe der Momente des einfachen Balkens (Abb. 107).

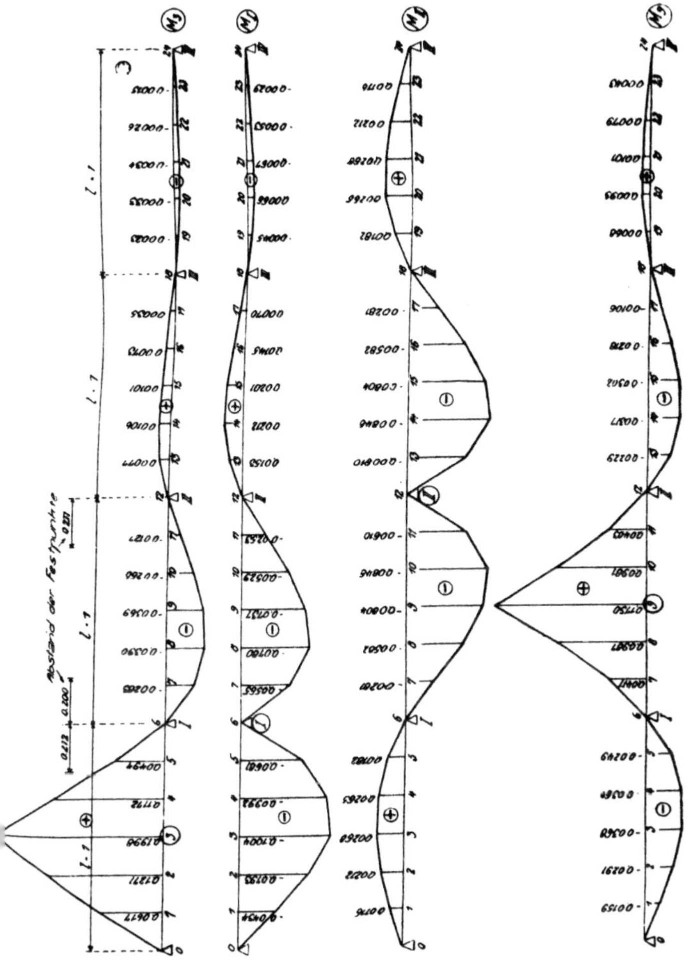

Abb. 108. Einflußlinien der Feld- und Stützmomente eines Balkens auf 5 Stützen.

Eine Anzahl wichtiger Einflußlinien für den Träger auf fünf Stützen finden sich in der Abb. 108. Für die Berechnung von Eisenbetonträgern unter beweglicher Last genügen diese Einflußlinien in den meisten Fällen. Sie lassen sich mit genügender Annäherung auch für den Träger auf 3, 4, 6 und mehr Stützen verwenden.

Die Armierung durchlaufender Träger erfolgt den Momenten entsprechend. Meist findet sich über den Stützen ein Stoß der

Trageisen (Abb. 109), die von links und rechts aufgebogenen Eisen übergreifen sich und bilden dadurch die über den Stützen notwendige Zugarmierung.

Zur Aufnahme der Schubkräfte dienen die abgebogenen Eisen und die Bügel. Nach den Bestimmungen muß dort, wo die Schubspannungen 4 kg/qcm überschreiten, die ganze Querkraft durch die Eisen und die Bügel aufgenommen werden.

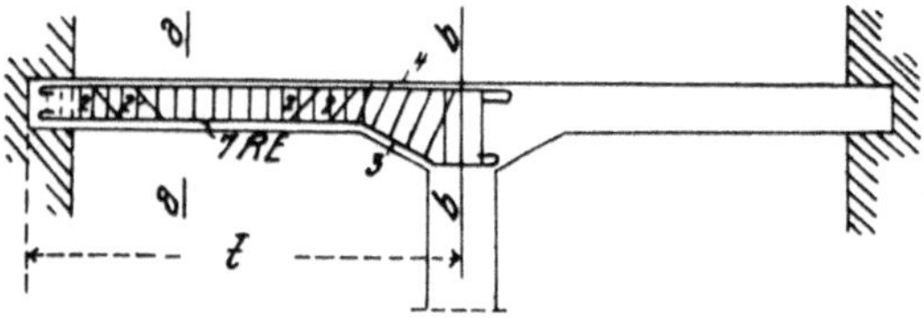

Abb. 109. Armierung des durchlaufenden Balkens.

Die Ausbildung der Mittelstütze erfolgt in manchen Fällen gemäß Abb. 110. Einzelne untere Eisen laufen gerade durch und sind über der Stütze gestoßen. Sie bilden eine wirksame Zugverankerung der Außenwände. Zur Aufnahme der Eckmomente dienen die Vouteneisen. Eine gewisse Schwierigkeit entsteht bei der Ausführung von Plattenbalken über den Stützen wegen der Größe des aufzunehmenden Stützenmomentes. Während man zur Aufnahme der positiven Momente im Querschnitt eines Feldes $a - a$ in der Regel einen Plattenbalken zugrunde legen kann, dessen Druckzone in der Platte und dessen Zugzone durch die Eisen gebildet wird (Abb. 111), ist an der Stelle $b - b$ über den Stützen ein Querschnitt vorhanden, der auch als Plattenbalken aufgefaßt werden kann, dessen Zugzone jedoch in der Platte und dessen Druckzone im Steg liegt. Zur Aufnahme der Druckspannungen ist also nur die kleine Breite b_0 des Steges zur Verfügung. Infolgedessen muß der Querschnitt über der Stütze in der Regel durch die Vouten entsprechend *erhöht* werden. Durch die Vouten wird die Balkenhöhe h nach Maßgabe der Abb. 110 auf h_s vergrößert. Die in Rechnung zu stellende Neigung der Schrägen soll dabei nach den Bestimmungen 1 : 3 nicht überschreiten. Mitunter ist auch in der Nähe des Mittenauflagers eine *Verbreiterung* des Steges erforderlich. Wendet man *beide Maßnahmen gleichzeitig* an, so sind gewisse Schwierigkeiten in der Einschalung zu berücksichtigen.

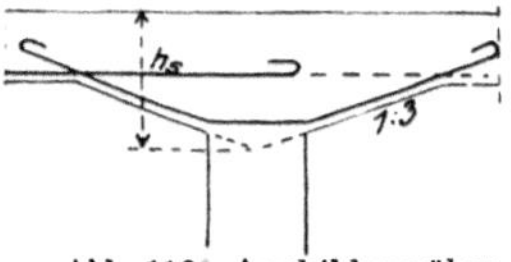

Abb. 110. Ausbildung über der Stütze.

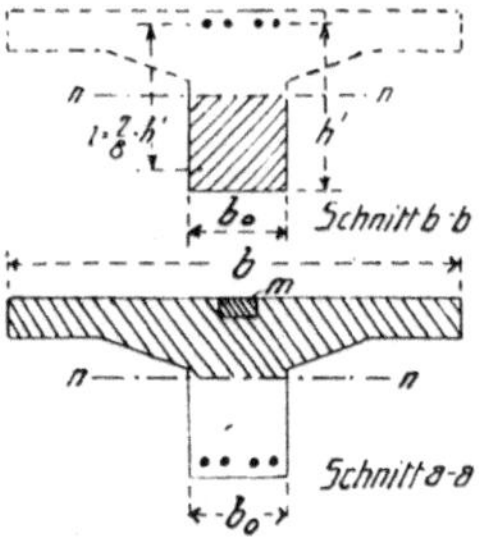

Abb. 111.

Bei der Berechnung derartiger Unterzüge ist auch noch folgendes zu beachten: Die Platten, die einen Teil des Plattenbalkens bilden, sind gleichzeitig Glieder der Platten, die die einzelnen Balken miteinander verbinden. Schneidet man ein kleines Teilchen m (Abb. 112) heraus, so wird dieses Teilchen in der Längenachse durch Normaldruckspannung σ_b beansprucht. Gleichzeitig wird aber dieses Teilchen als Glied der durchlaufenden Platte auf Zug beansprucht. Es liegt also der Fall vor, daß der Würfel parallel zu zwei Achsen derart beansprucht wird, daß die auftretenden Querdehnungen mit den Längsdehnungen gleiche Richtung haben. Dadurch wird erfahrungsgemäß die Festigkeit herabgesetzt. Infolge davon muß man die Druckbeanspruchungen der Plattenbalken etwas geringer einsetzen als diejenigen anderer Bauteile ($\sigma_b = 20 - 30$ kg/cm²).

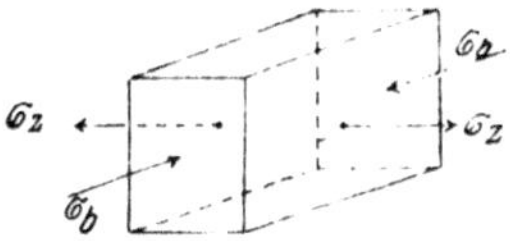

Abb. 112. Beanspruchung des Plattenteilchens m.

16. Berechnung der Formänderung und der statisch unbestimmten Größen bei Eisenbetonkonstruktionen.

Im Eisenbetonbau werden besonders häufig statisch unbestimmte Systeme verwendet. Ihre Berechnung erfordert zunächst die Bestimmung der statisch unbestimmten Größen, welche von der Formänderung der Konstruktion und der Widerlager abhängig sind. Die Formänderung einer Eisenbetonkonstruktion wird von dem Spannungszustand bedingt, wie er sich vor dem Bruch einstellt.

Für die Berechnung der *Spannungen* sind einzelne Rißstellen maßgebend, wie sie in der Abb. 113 angegeben sind. Die *Formänderung* einer Eisenbetonkonstruktion ist aber nicht nur von dem elastischen Verhalten an den Rißstellen sondern auch von denjenigen Trägerteilen zwischen den Rissen abhängig. Hier wirken aber die Zugspannungen des Betons mit und beeinflussen die Formänderung. Der Spannungszustand zwischen den Rissen würde sich etwa nach Abb. 114 darstellen lassen.

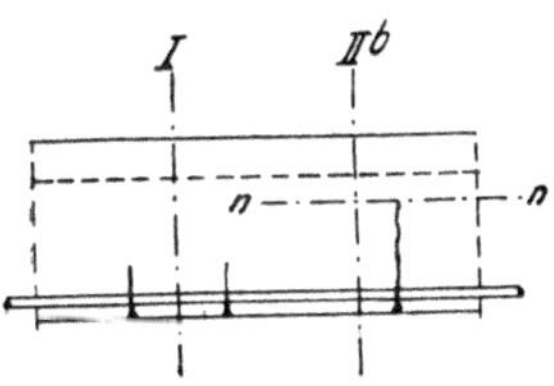

Abb. 113.

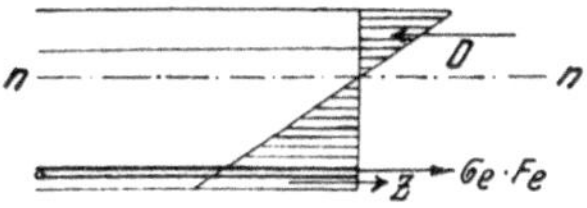

Abb. 114. Spannungszustand des Stadiums I.

Außerdem muß man beachten, daß im Stadium I die Betondruckspannung noch verhältnismäßig klein sein wird und daß daher auch der Elastizitätsmodul des Betons wesentlich größer ist, als er der Spannungsberechnung zugrunde gelegt wird.

Während bei Stadium IIb (Spannungsberechnung) E_b zu 140000 kg/cm² angenommen wird und sonach $n = 15$ ist, rechnet man bei Stadium I (Formänderung) mit $E_b = 210000$ kg/cm² und $n = 10$. (Vgl. die „Bestimmungen“ § 16, Nr. 1.)

Bezüglich der *statisch unbestimmten Größen* gilt auch für Eisenbetonkonstruktionen, wenn man eine Spannungsverteilung nach dem Hookeschen Gesetz zugrunde legt, die Arbeitsgleichung:

$$L' = \int \frac{M}{EJ} \cdot \frac{\partial M}{\partial X} dx + \int \frac{N}{EF} \cdot \frac{\partial N}{\partial X} dx + \int \varepsilon \frac{\Delta t}{h} \cdot \frac{\partial M}{\partial X} dx$$
$$+ \int \varepsilon \cdot t_0 \cdot \frac{\partial N}{\partial X} dx.$$

Ferner kann $J_i = \frac{b}{3}(h'^3 + h''^3) + n \cdot fe \cdot r^2$

$$F_i = b(h' + h'') + n \cdot fe$$

in die Berechnung eingeführt werden (Abb. 115).

Die Temperaturerhöhung t kann $\pm 15^0$ bis $\pm 20^0$ gesetzt werden und zwar deswegen kleiner als bei Eisenkonstruktionen, weil der Beton ein schlechter Wärmeleiter ist. Bei Konstruktionen, die größere Abmessungen haben als 70 cm, genügt es, $t = \pm 10^0$ zu setzen.

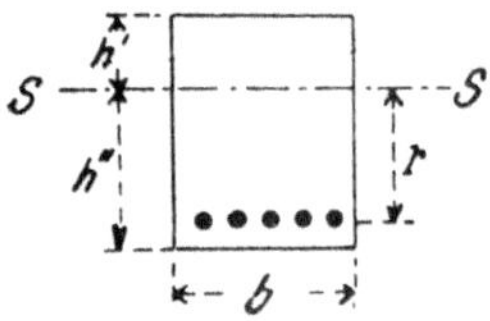

Abb. 115.

Es ist ferner noch der Einfluß des Schwindens des Betons zu berücksichtigen. Bei dem Erhärten an der Luft schwindet der Beton. Das Schwinden kann in der Weise berücksichtigt werden, daß eine weitere Ermäßigung der Temperatur um 10^0 in Rechnung gestellt wird.

Die angegebene Arbeitsgleichung kann bei Eisenbetonbauten in der Regel sehr vereinfacht werden.

Bei starren Widerlagern ist $L' = 0$. Setzen wir den Temperaturunterschied der Ränder $\triangle t = 0$ und die Längskraft $N = 0$, so lautet die Arbeitsgleichung

$$0 = \int \frac{M}{EJ} \cdot \frac{\partial M}{\partial X} \cdot dx.$$

Bleibt E konstant und führt man ein mittleres Trägheitsmoment J_c ein, so ist

$$0 = \int \frac{M}{J/J_c} \cdot \frac{\partial M}{\partial X} \cdot dx.$$

Die Werte $\frac{J}{J_c}$ werden zunächst schätzungsweise derart gewählt, daß möglichst viele $\frac{J}{J_c} = 1$ werden. Für die Berechnung der J-Werte wird man zunächst von den Eiseneinlagen absehen und die Werte lediglich auf Grund der nach Schätzungen und konstruktiven Regeln angenommenen Betonquerschnitte bestimmen.

Bei den meisten Trägerkonstruktionen wird mit einer gewissen Einspannung der Trägerenden zu rechnen sein. Meist wird die Einspannung keine vollkommene sein, sondern es wird eine teilweise Einspannung vorliegen; man spricht dann von $\frac{1}{2}$ facher, $\frac{1}{3}$ facher usf. Einspannung.

Das Moment irgendeines durchlaufenden Trägers kann man in der Weise ermitteln (Abb. 116), daß man das Moment des einfachen Balkens berechnet und davon die Einflüsse der Stützenmomente bzw. Einspannungsmomente abzieht.

Also $$M_x = M_0 - M_A \cdot \frac{x'}{l} - M_B \cdot \frac{x}{l}.$$

Wenn der Grad der Einspannung nur $\frac{1}{2}$ ist, dann würde man die maßgebenden Momente in der Weise erhalten, daß man das Einspannungsmoment bei voller Einspannung halbiert und eine neue Schlußlinie $A_0 B_0$ zieht, die dann wieder die entsprechenden negativen und positiven Momente aus der Momentenlinie abschneidet.

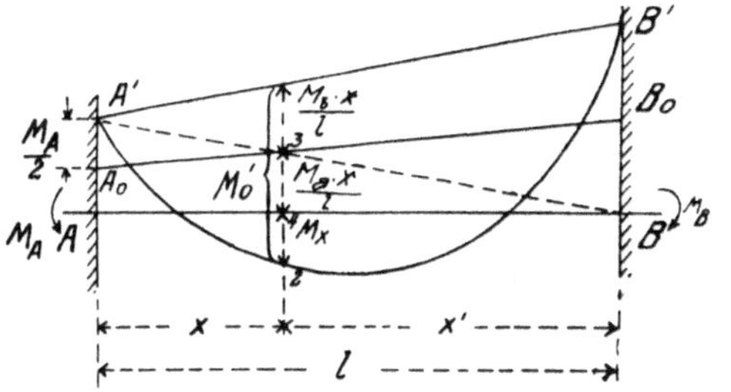

Abb. 116. **Momente bei teilweiser Einspannung.**

Der Balken sei gleichmäßig mit der Belastung p belastet; dann ergeben sich für die verschiedenen Einspannungsgrade die in Abb. 117 angegebenen Momente. Bei einer Einzellast in der Mitte ergeben sich für verschiedene Einspannungsgrade die in Abb. 118 angegebenen Momente.

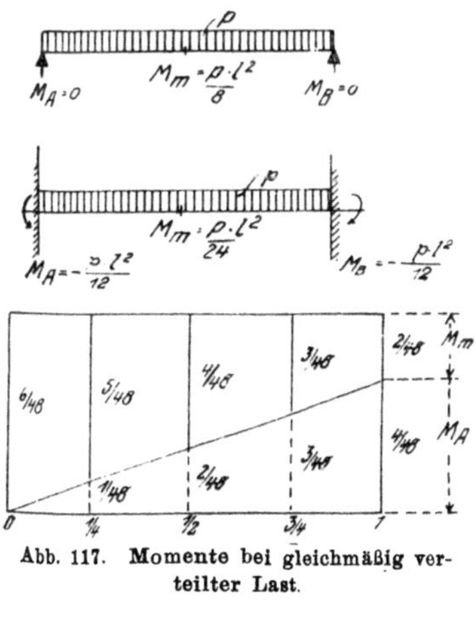

Abb. 117. **Momente bei gleichmäßig verteilter Last.**

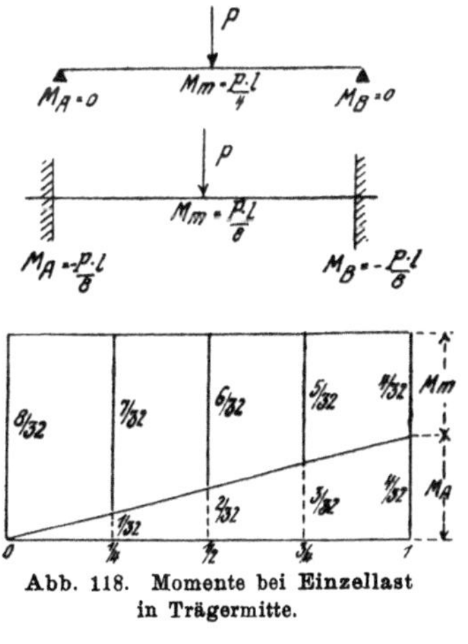

Abb. 118. **Momente bei Einzellast in Trägermitte.**

Zur Ergänzung der Angaben über statisch unbestimmte Konstruktionen seien noch einige Bemerkungen über Rahmenberechnung angefügt.

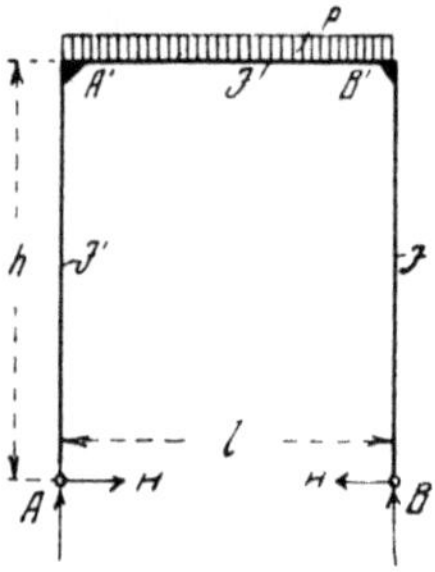

Abb. 119.
Zweistieliger Rahmen.

Es liege ein rechteckiger Rahmen vor, der aus 3 biegungsfesten Stäben besteht und in den Punkten A und B gelenkig gelagert ist. Zur Berechnung der statisch nicht bestimmbaren Größe X dient die Arbeitsgleichung

$$A = \int \frac{M^2 dx}{2 \cdot E \cdot J};$$

$$\frac{\partial A}{\partial X} = \int \frac{M \frac{\partial M}{\partial X}}{E \cdot J} dx = 0.$$

Die Auflager seien starr und Temperaturerhöhungen nicht zu berücksichtigen. Es ist

$$M = M_0 - M' \cdot X; \quad \frac{\partial M}{\partial X} = -M'$$

folglich

$$\int \frac{(M_0 - M' \cdot X) \cdot M'}{E \cdot J} dx = 0; \quad \int \frac{M_0 \cdot M' dx}{E \cdot J} - X \int \frac{M'^2 \cdot dx}{E \cdot J} = 0$$

und hieraus

$$X = \frac{\int \frac{M_0 \cdot M' dx}{E \cdot J}}{\int \frac{M'^2 \cdot dx}{E \cdot J}} = \frac{Z}{N}.$$

Der Horizontalschub X für gleichmäßige Belastung des Riegels mit p wird wie folgt bestimmt werden können (Abb. 120, 121): E sei konstant. $M' = h$ (Abb. 121).

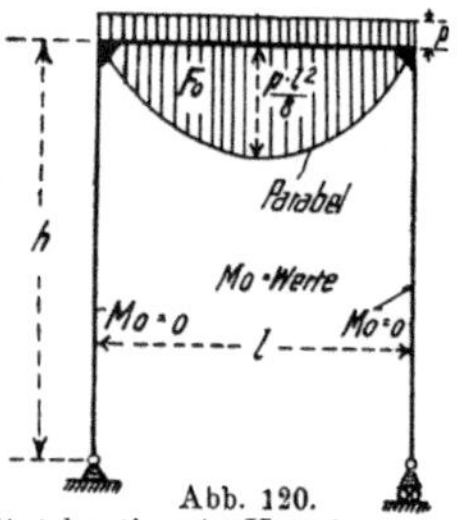

Abb. 120.
Stat. bestimmtes Hauptsystem.

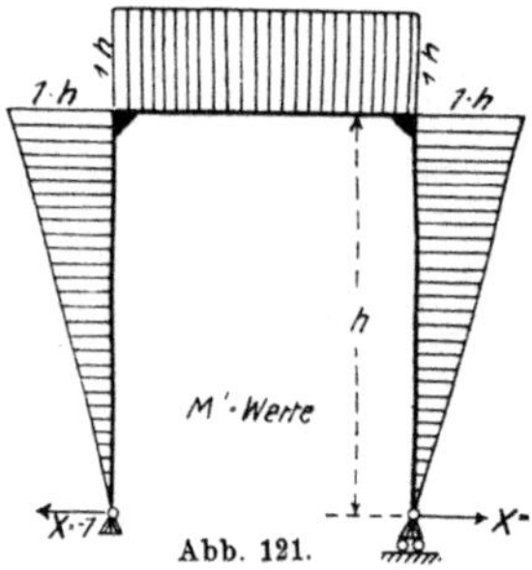

Abb. 121.
Momentenfläche für $X = -1$.

$$Z = \int \frac{M_0 \cdot h \cdot dx}{J} = \frac{h}{J} \int M_0 dx = \frac{h}{J} \cdot F_0 = \frac{\frac{2}{3} l \cdot \frac{p l^2}{8} \cdot h}{J}$$

$$N = \int \frac{M'^2 dx}{J} = \frac{2 \cdot (\frac{1}{3} \cdot h^2 \cdot h)}{J_1} + \frac{1 \cdot h^2 \cdot l}{J} = \frac{2}{3} \frac{l h}{J} \left(\frac{h^2}{l} \cdot \frac{J}{J_1} + \frac{3}{2} h \right).$$

$$X = \frac{Z}{N} = \frac{\frac{p \cdot l^2}{8} \cdot \frac{2}{3} \cdot \frac{l \cdot h}{J}}{\frac{2}{3} \frac{l \cdot h}{J} \left(\frac{h^2}{l} \cdot \frac{J}{J_1} + \frac{3}{2} \cdot h \right)} = \frac{p \cdot l^2}{8} \cdot \frac{1}{h \left(\frac{h}{l} \cdot \frac{J}{J_1} + \frac{3}{2} \right)}.$$

Das Eckmoment ist dann

$$M'_A = -\frac{p \cdot l^2}{8} \cdot \frac{1}{\frac{h}{l} \cdot \frac{J}{J_1} + \frac{3}{2}}.$$

Setzt man $h = 0$, so wird $M_A = -\frac{p\,l^2}{12}$ gleich dem Einspannungsmoment des einfachen Balkens AB.

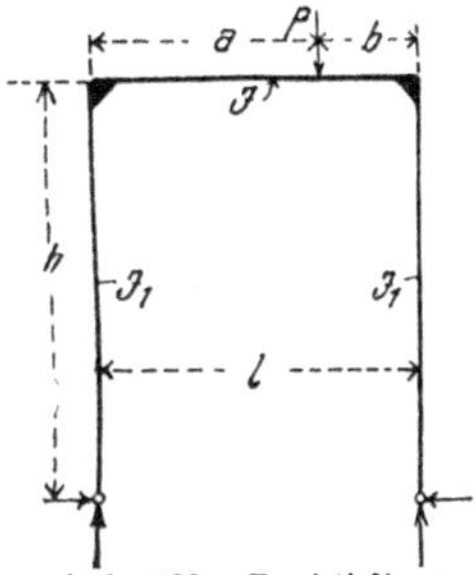

Abb. 122. Zweistieliger Rahmen mit Einzellast.

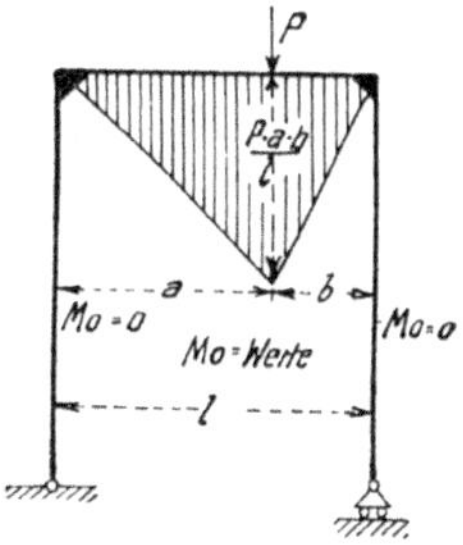

Abb. 123.

Nun mag noch als zweiter Fall betrachtet werden, daß auf den Riegel eine Einzellast P wirkt. (Abb. 122, 123.)

Es ist $$Z = \frac{1}{2}\, l \cdot \frac{P \cdot a \cdot b \cdot h}{l \cdot J} = \frac{P \cdot a \cdot b \cdot h}{2J};$$

N wie vorher (gemäß Abb. 121)

$$X = \frac{Z}{N} = \frac{\frac{P \cdot a \cdot b}{l} \cdot \frac{h \cdot l}{2J}}{\frac{2}{3}\frac{l \cdot h}{J}\left(\frac{h^2}{l} \cdot \frac{J}{J_1} + \frac{3}{2} \cdot h\right)}$$

$$= \frac{P \cdot a \cdot b}{l} \, \frac{1}{2h\left(\frac{2}{3} \cdot \frac{h}{l} \cdot \frac{J}{J_1} + 1\right)}.$$

Einen Rahmen, wie er für Brückenbauten vielfach ausgeführt wird, stellt die Abb. 124 dar. Die Auflager A und B sind längsbeweglich, die Lager C und D sind feste Lager. Bei 6 Auflagerkräften ist das System dreifach statisch unbestimmt.

Das statisch bestimmte Hauptsystem sei das in Abb. 125 dargestellte. Die Auflagerkräfte sind A_0, B_0 und D_0, die Momente M_0. Für die Berechnung des Systems mache man folgende Voraussetzungen:

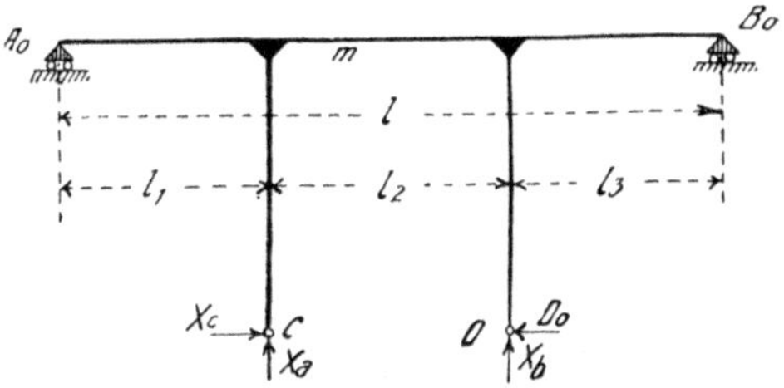

Abb. 124. Zur Berechnung eines durchlaufenden Balkens mit 2 biegungsfesten Mittelstützen.

Die Längskräfte sind zu vernachlässigen. Die Temperaturerhöhung sei $t = 0^0$ und der Temperaturunterschied zwischen den

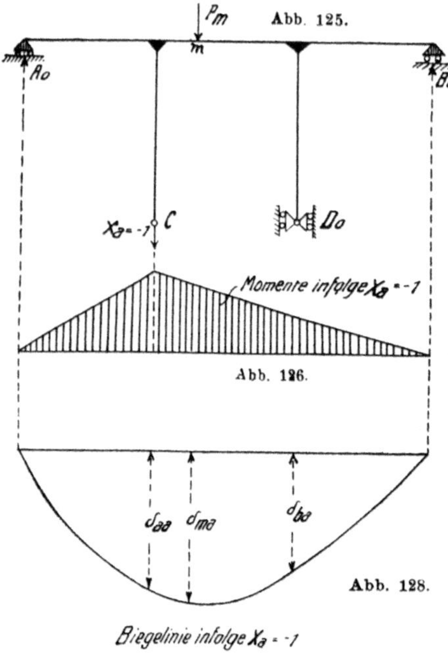

Abb. 125.

Abb. 126.

Abb. 128.

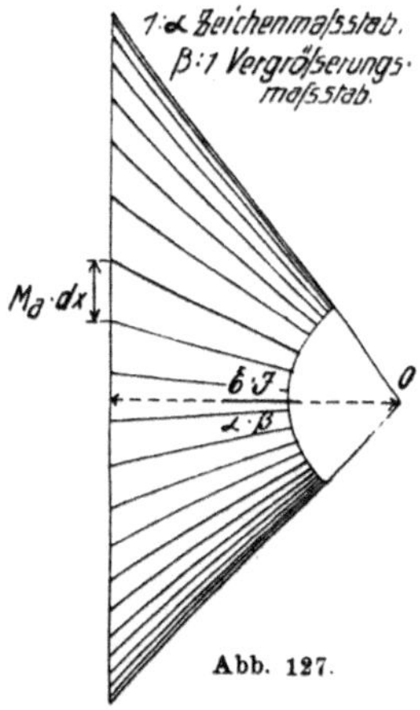

Abb. 127.

Abb. 125—128.
Zur Berechnung eines durchlaufenden Balkens mit 2 biegungsfesten Mittelstützen.

Rändern des Systemes = 0. Die drei Elastizitätsgleichungen zur Bestimmung der statisch unbestimmten Größen lauten dann

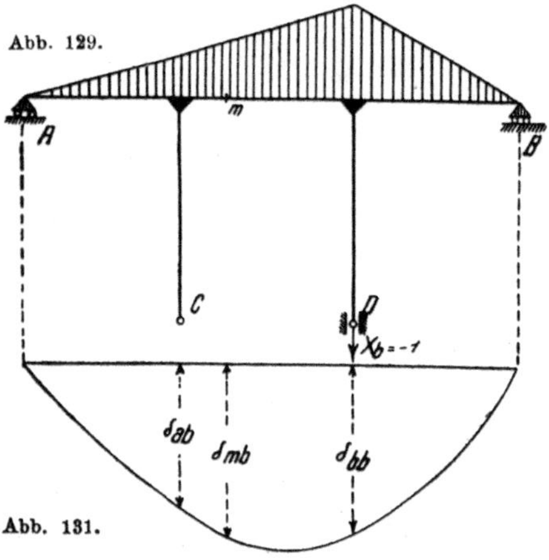

Abb. 129.

Abb. 131.

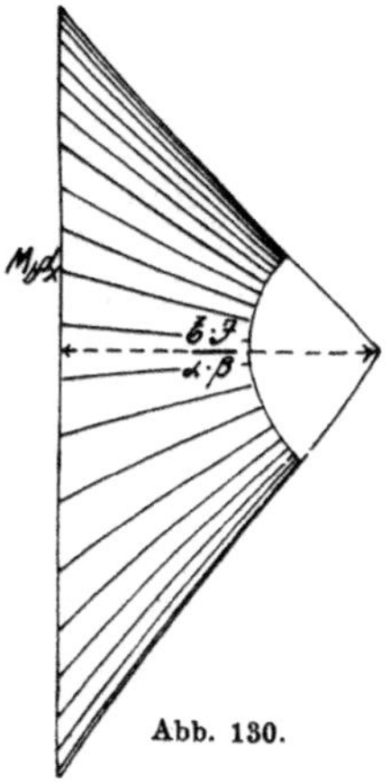

Abb. 130.

Abb. 129—131.
Zur Berechnung eines durchlaufenden Balkens m. 2 biegungsfesten Mittelstützen.

$$X_a \cdot \delta_{aa} + X_b \cdot \delta_{ab} + X_c \cdot \delta_{ac} = P_m \cdot \delta_{ma}$$
$$X_a \cdot \delta_{ba} + X_b \cdot \delta_{bb} + X_c \cdot \delta_{bc} = P_m \cdot \delta_{mb}$$
$$X_a \cdot \delta_{ca} + X_b \cdot \delta_{cb} + X_c \cdot \delta_{cc} = P_m \cdot \delta_{mc}.$$

Die Koeffizienten der X-Werte findet man aus den Biegelinien des statisch bestimmten Hauptsystems für $X_a = -1$, $X_b = -1$ und $X_c = -1$. (Abb. 125—134.)

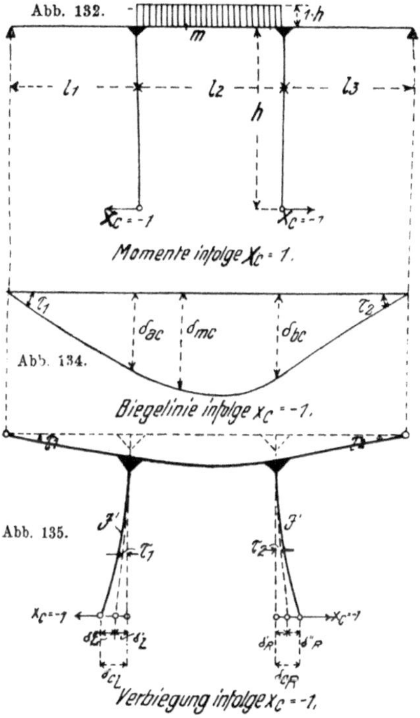

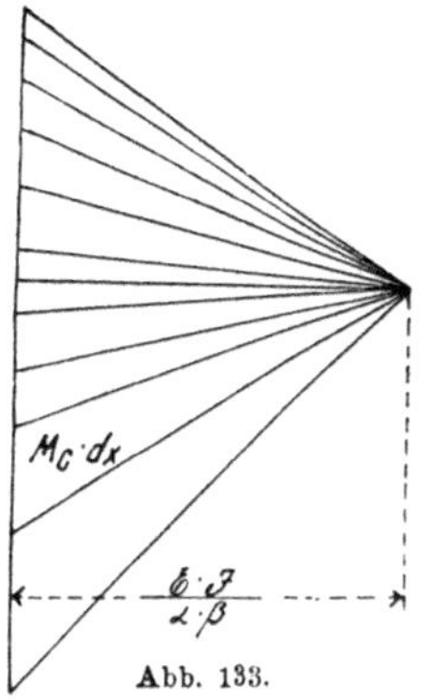

Abb. 132—135.
Zur Berechnung eines durchlaufenden Balkens mit zwei biegungsfesten Mittelstützen.

Eine besondere Berechnung erfordert nur der Wert δ_{cc}.

δ_{cc} setzt sich aus 2 Werten zusammen (Abb. 135), die mit δ_{cL} und δ_{cR} bezeichnet seien. Bei symmetrischer Ausbildung des Trägersystems wird
$$\delta_{cL} = \delta_{cR}.$$

$\delta_{L'}$ ist die horizontale Verschiebung des Angriffspunktes X_c infolge der Drehung (τ_1) des Pfostens bei der Durchbiegung des Balkens. Dieser Wert wird:
$$\delta'_L = h \cdot \tau_1 \text{ ebenso wird } \delta'_R = h \cdot \tau_2.$$

Hierin ist, wie aus der Biegelinie für $X_c = -1$ zu entnehmen ist,
$$\tau_1 = \frac{\delta_{ac}}{l_1} \quad \text{und} \quad \tau_2 = \frac{\delta_{bc}}{l_3}.$$

Belastet man den als eingespannt zu betrachtenden Pfosten nun am Ende mit einer Last 1, so ist die Durchbiegung

$$\delta''_L = \frac{1 \cdot h^3}{3\, E \cdot J'}, \quad \delta''_R = \frac{1 \cdot h^3}{3\, E \cdot J'};$$

folglich wird
$$\delta_{cc} = h(\tau_1 + \tau_2) + \frac{2 \cdot h^3}{3 \cdot E \cdot J'}.$$

Jetzt ist auch der letzte Koeffizient unserer Elastizitätsgleichung bekannt, und diese können nach X_a, X_b und X_c aufgelöst werden. Die Momente sind nunmehr

$$M = M_0 - M_a \cdot X_a - M_b \cdot X_b - M_c \cdot X_c.$$

17. Durchbiegung von Eisenbetonträgern.

Bei der Berechnung der Durchbiegungen von Eisenbetonträgern ist zu beachten, daß sich die Größe der Durchbiegung nicht aus dem Stadium II (Rißbildung bis zur Nullinie) ergibt, sondern aus einem Stadium, welches zwischen den Belastungsstadien I und II liegt. Als Querschnitt ist also der gesamte Querschnitt des Betons einschließlich des Querschnitts des Eisens in Betracht zu ziehen. Es ist ferner zu beachten, daß bei den Berechnungen von Formänderungen das Verhältnis $n = \frac{E_e}{E_b}$ nicht $= 15$ ist, sondern daß, da E_b den kleinen Spannungen entsprechend zu 210000 kg/cm² angenommen wird, $n = 10$ zu wählen ist.

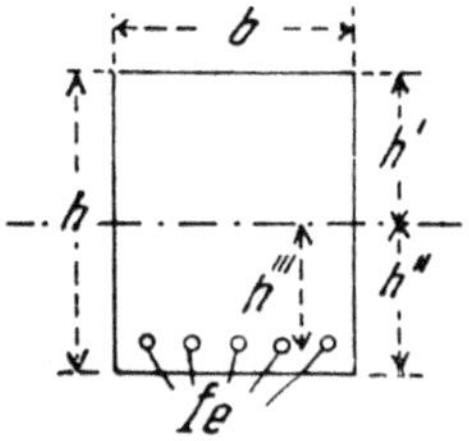

Abb. 136.

Wenn man nunmehr mit dem ideellen Eisenbetonquerschnitt rechnet, können für die Durchbiegungsberechnungen folgende Werte für J und F benutzt werden (Abb. 136).

$$J_i = \frac{b \cdot h'^3}{3} + \frac{b \cdot h''^3}{3} + n \cdot fe \cdot h'''^2$$

$$F_i = F_b + n \cdot fe.$$

A. Durchbiegung eines Balkens. Bei vielen Konstruktionen genügt es, die Durchbiegungen mit einer stellvertretenden gleichmäßig verteilten Last p kg/m zu berechnen. Ist beispielsweise M_{max} aus der betreffenden Belastung errechnet, so bestimmt sich der Belastungsgleichwert $p = \frac{8\, M_{max}}{l^2}$. Für den einfachen, *frei aufliegenden* Balken lautet dann die Gleichung (Abb. 137)

$$\delta = \frac{5}{384} \frac{p \cdot l^4}{E_b \cdot J_i}.$$

In der Mehrzahl der Fälle wird man es aber nicht mit frei aufliegenden Balken zu tun haben, sondern mit teilweise oder voll eingespannten Balken. Bei dem *voll eingespannten* Balken ist die Durchbiegung (Abb. 138)

$$\delta = \frac{1}{384} \frac{p \cdot l^4}{E_b \cdot J_i}.$$

Bei Bauteilen, deren Einspannungsgrad zwischen diesen beiden Grenzfällen liegt, wird man meistens, wenn nicht andere Grundlagen gegeben sind, den Zahlenfaktor in den vorstehenden Gleichungen schätzen müssen.

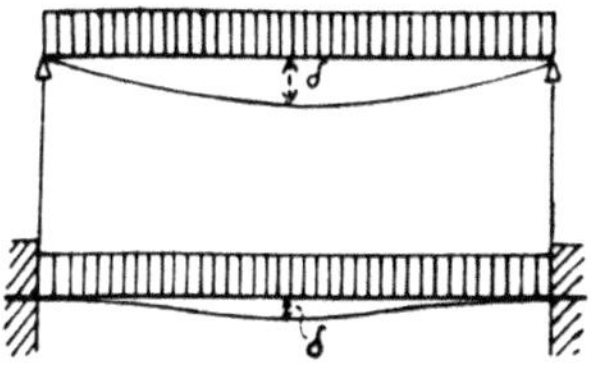

Abb. 137/138. Durchbiegungen.

Bei der Durchführung von Probebelastungen ist auf die Kontinuität der Bauweise zu achten und dafür Sorge zu tragen, daß auf den in der Rechnung berücksichtigten Bauteil auch die aufgebrachten Probelasten entfallen und nicht andere Bauteile tragend mitwirken. Die Bestimmungen enthalten bezüglich der bleibenden Formänderung folgende Forderung (§ 12, Nr. 6): Die Probelast muß mindestens 12 Stunden liegen bleiben; danach erst ist die größte Durchbiegung zu messen Die bleibende Durchbiegung ist frühestens 12 Stunden nach Beseitigung der Probelast festzustellen. Unter Ausschaltung des Einflusses etwaiger Auflagersenkungen darf die bleibende Durchbiegung höchstens $\frac{1}{4}$ der gemessenen Gesamtdurchbiegung betragen.

B. Elastische Formänderung von Stützen. Der ideelle Querschnitt ist

$$F_i = F_b + n \cdot fe$$

und die elastische Formänderung

$$\Delta l = \frac{P \cdot l}{E_b \cdot F_i}.$$

E_b kann hierbei der jeweiligen Druckspannung entsprechend gewählt werden.

Beispiel: $F_b = 26/26$; $fe = 12{,}56$ cm²; $l = 600$ cm. $P_1 = 20\,000$ kg; $P_2 = 100\,000$ kg; $n = \frac{E_e}{E_b}$.

Dann erhalten wir (bei $E_e = 2\,100\,000$ kg/cm²):

$$\sigma_1 = \frac{20\,000}{676 + 15 \cdot 12{,}56} = 23 \text{ kg/cm}^2 \qquad E_{b_1} = 300\,000 \text{ kg/cm}^2, \quad n_1 = 7$$

$$\sigma_2 = \frac{100\,000}{676 + 15 \cdot 12{,}56} = 115 \text{ kg/cm}^2 \qquad E_{b_2} = 140\,000 \text{ kg/cm}^2, \quad n_2 = 15$$

$$\Delta l_1 = \frac{20\,000 \cdot 600}{300\,000\,(676 + 7 \cdot 12{,}56)} = 0{,}052 \text{ cm}$$

$$\Delta l_2 = \frac{100\,000 \cdot 600}{140\,000\,(676 + 15 \cdot 12{,}56)} = 0{,}500 \text{ cm}.$$

C. Formänderung von Gewölben. Bei flachen Gewölben wird es in der Regel genügen, wenn man die Mittellinie als Parabel annimmt (Abb. 139).

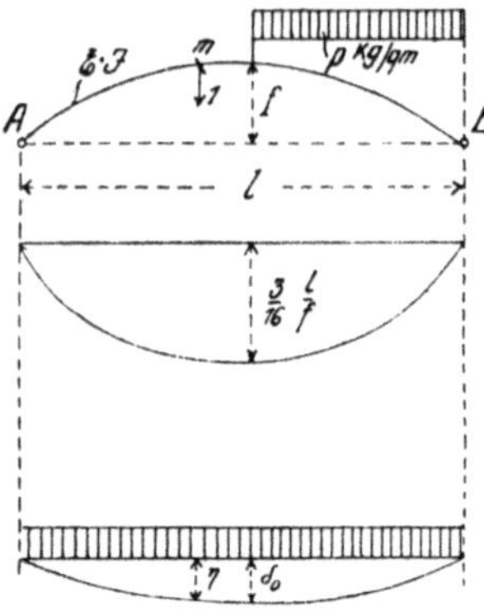

Abb. 139.
Formänderung eines Gewölbes.
Abb. 140. Biegelinie

Nach dem Mohrschen Satz wird die Durchbiegung im Punkte m

$$\delta_m = \int \frac{M \cdot \overline{M} dx}{EJ} + \int \frac{N \cdot \overline{N} dx}{EF}.$$

Für die Scheitelsenkung kann folgendes Annäherungsverfahren zugrunde gelegt werden. Als Einflußlinie für den Horizontalschub H lege man eine Parabel mit der Scheitelhöhe $\frac{3}{16} \cdot \frac{l}{f}$ zugrunde (Abb. 140).

Bei Bestimmung des Einflusses der Längskräfte auf die Durchbiegung des Scheitels genügt es, im flachen Bogen $N = \sim H$ zu setzen.

Die Länge des Bogens s ist ungefähr der Spannweite l gleich dann wird

$$H \Delta l = \int \eta \cdot p\, dx = p \int \eta\, dx.$$

Die rechte Seite dieser Arbeitsgleichung ist dem Inhalt der Biegungsparabel mal der Belastung gleich, also

$$H \cdot \Delta l = \tfrac{2}{3} p \cdot l \cdot \delta_0.$$

Bei gänzlicher Belastung wird der Horizontalschub:

$$H = \tfrac{2}{3} \cdot \frac{3}{16} \cdot \frac{l}{f} \cdot l \cdot p = \frac{1}{8} \frac{p \cdot l^2}{f}.$$

Daraus erhält man $$p = \frac{8\, H \cdot f}{l^2}.$$

Setzt man den Wert p in obige Gleichung ein und beachtet, daß Δl die Verkürzung der Bogenachse infolge H ist, dann wird

$$\frac{H \cdot l}{E_b \cdot f} = \frac{16}{3} \cdot \frac{f}{l} \cdot \delta_0$$

$$\delta_0 = \frac{3}{16} \frac{l^2}{f} \cdot \frac{H}{E_b \cdot F},$$

wobei $E_b = 210\,000$ kg/cm² und $F = F_i = F_b + n \cdot fe$.

Die Hebung oder Senkung des Bogenscheitels infolge Temperaturerhöhung um t^0 ergibt sich zu

$$\delta_{0\,t} = \varepsilon \cdot t \cdot f.$$

Um den Einfluß der Momente auf die Scheitelsenkung zu finden beachte man, daß die Drehung zweier Nachbarquerschnitte (Abb. 141—142)

$$\Delta\, d\varphi = \left(\frac{M}{E \cdot J} + \frac{\varepsilon \cdot \Delta t}{h}\right) ds = \left(\frac{M}{E \cdot J} + \frac{\varepsilon \Delta t}{h}\right) \cdot \sec\varphi \cdot dx = w$$

ist. w bedeutet das elastische Gewicht des Trägers $A'B'$.[1])

Aus der H-Linie und den senkrechten Komponenten der Auflagerreaktionen lassen sich an jeder Stelle des Bogens die Mo-

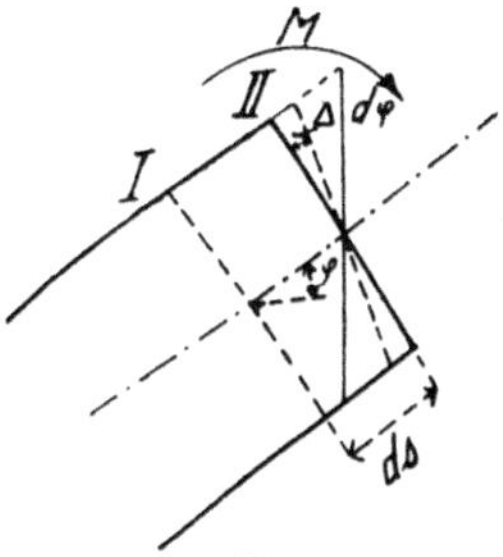

Abb. 141.

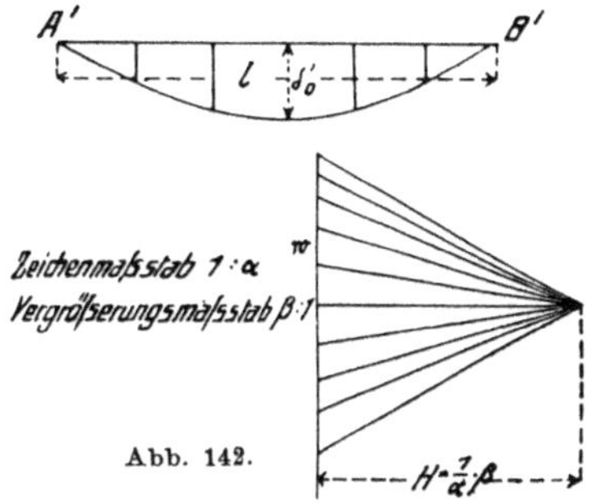

Abb. 142.

mente M berechnen, ebenso ist der Wert Δt zwischen oberem und unterem Rand des Gewölbes als gegeben zu betrachten. Hiernach sind die elastischen Gewichte des einfachen Balkens $A'B'$ gegeben, und die Biegelinie zu diesen Gewichten liefert in bekannter Weise (Abb. 142) die Durchbiegungen infolge der Momente.

III. Anwendungen des Eisenbetonbaues.

18. Gründungen.

A. Plattengründungen. Ein sehr wichtiges Anwendungsgebiet des Eisenbetonbaues sind die Gründungen. Das Fundament muß derart verbreitert werden, daß die Bodenpressung das zulässige Maß nicht überschreitet. Der Neigungswinkel der Abtreppung bei einer gewöhnlichen Gründung in Mauerwerk oder Stampfbeton wird in der Regel nicht flacher sein dürfen als 45^0. Damit ist die Gründungstiefe t gegeben. Da eine Eisenbetonplatte als Fundament *Biegungsspannungen* aufzunehmen in der Lage ist, so ergeben sich im Eisenbetonbau durch Flachgründungen erhebliche Vorteile.

Belastung der Mauer sei pro Längeneinheit P t/m. Die Breite des Fundamentes sei b. Bei gleichmäßiger Verteilung wird die

1) Vgl. Müller-Breslau II. Bd. II. Abt. S. 503. Aufl. 1908.

Bodenpressung $\sigma = \frac{P\,\mathrm{kg}}{100 \cdot b}$ (kg/cm²). Für die Eisenbetonplatte erhält man an der Stelle i—k das Biegungsmoment

$$M_c = \frac{\sigma \cdot 100 \cdot c^2}{2} \text{ cm} \cdot \text{kg}.$$

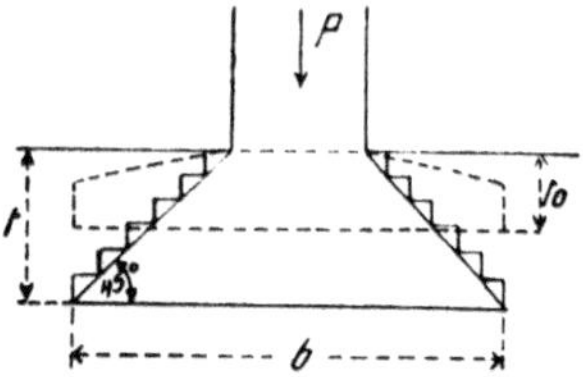

Abb. 143. Gründungstiefen.

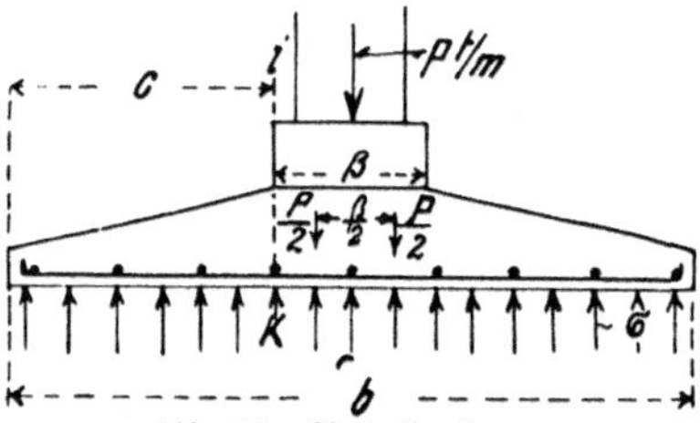

Abb. 144. Plattenfundament.

Da am unteren Rande der Platte Zugspannungen entstehen, müssen in diesem Falle die Eisen unten liegen. Etwas größer wird noch das Moment in der Mitte der Mauer werden

$$M_m = \frac{\sigma \cdot 100 \cdot b^2}{8} - \frac{P \cdot \beta}{8}.$$

a) Die Fundamente von Säulen. Die Platten, die man unter Säulen herstellt, macht man meist quadratisch; runde Platten finden sich selten. Die Säulenkraft sei P, die Breite und Länge der Fundamentsplatte sei b. Nimmt man an, daß sich die Spannungen gleichmäßig über die Fundamentplatte verteilen, so wird:

$$\sigma = \frac{P}{b^2}.$$

Damit errechnen sich die Biegungsmomente etwas zu ungünstig; denn da die Platte elastisch ist, wird sie sich am Rande etwas aufbiegen. Die wirkliche Spannungsverteilung wird also der punktierten Linie entsprechen. (Abb. 145.) Ihre Form ist von dem elastischen Verhalten des Bodens und der Platte abhängig.

Die Verlegung der Trageisen erfolgt kreuzweise entweder in Richtung der Diagonalen oder in Richtung der Seiten der Platte.

1. Verlegung der Trageisen parallel den Diagonalen. Denkt man sich eine Ecke der Platte herausgeschnitten, so ist das Biegungsmoment für eine Gruppe der Trageisen:

$$M_a = \frac{P}{4} \cdot \frac{d}{4} = \frac{P \cdot d}{16}.$$

Für die Verteilungseisen, die parallel den Kanten liegen, ergibt sich:

$$M_\beta = \frac{\sigma \cdot \beta \cdot \lambda^2}{8} = \frac{P}{b^2} \cdot \frac{\beta \cdot \lambda^2}{8}.$$

2. Verlegung der Trageisen parallel den Kanten. (Abb. 146.) Die Haupttrageisen sind parallel den Kanten und die Hilfseisen

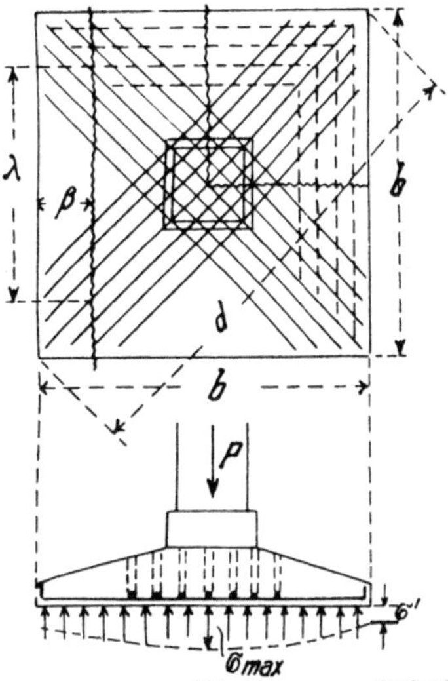

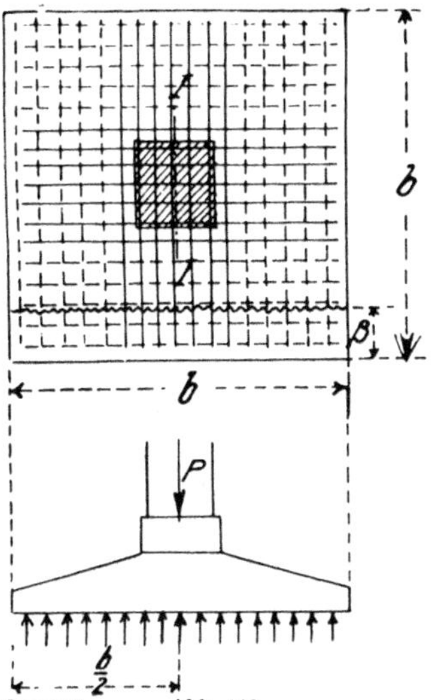

Abb. 145. Säulenfundament. Abb. 146.

punktiert eingetragen. Dann ist das Moment M_1 für eine Gruppe der Haupttrageisen

$$M_1 = \frac{P \cdot b}{16}.$$

Die Hilfstrageisen sind mit der Bodenpressung belastet und in der Mitte durch die Haupttrageisen gestützt. Das Biegungsmoment würde also für die Mitte zu berechnen sein

$$M_\beta = \frac{\sigma}{2} \cdot \beta \cdot \frac{b}{2} \cdot \frac{b}{4} = \frac{\sigma \cdot \beta \cdot b^2}{16} = \frac{P \cdot \beta}{16}.$$

b) Größere Fundamentplatten unter ganzen Gebäuden. Bei sehr schlechtem Baugrund wählt man vielfach eine zusammenhängende Platte unter dem ganzen Gebäude. Die Abmessungen der Platte richten sich in diesem Falle nach den zulässigen Bodenpressungen.

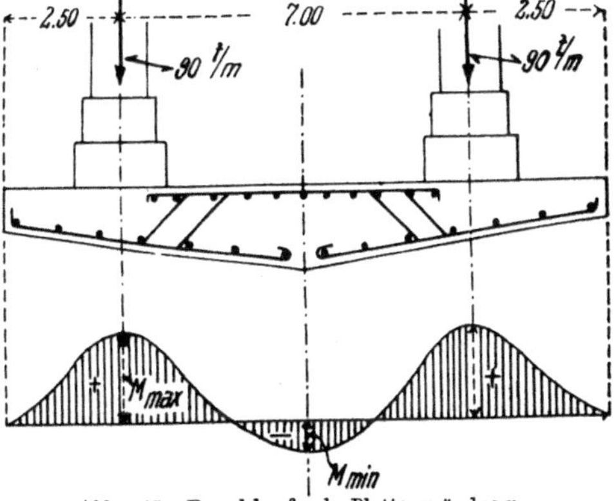

Abb. 147. Durchlaufende Plattengründung.

Bei der in der Abb. 147 dargestellten Gründung sei die zulässige Bodenpressung $\sigma_0 = 1{,}80$ kg/qcm. Das Plattengewicht erzeugt

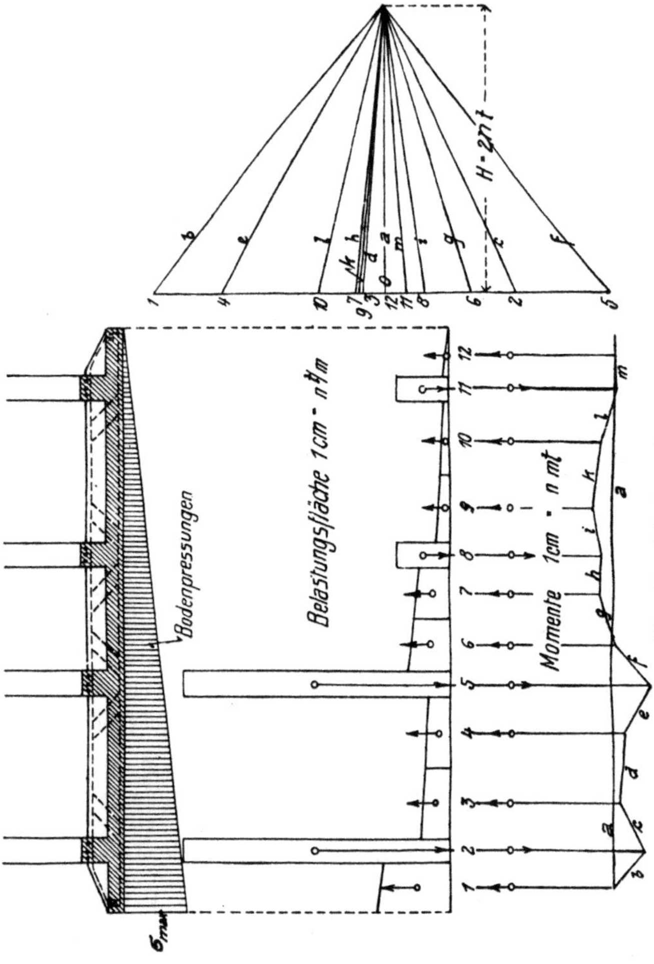

Abb. 148. „Schwimmendes" Fundament.

$\sigma' = 0{,}3$ kg/cm², so daß also durch die Plattengründung des Gebäudes verteilt werden muß $\sigma'' = 1{,}5$ kg/cm².

Die Breite der Platte muß also betragen

$$B = \frac{2 \cdot 90\,000}{100 \cdot 1{,}5} = 1200 \text{ cm} = 12{,}00 \text{ m}.$$

Der Abstand der beiden Wände sei 7 m, so daß die Platte um 2,5 m beiderseits auskragen muß. Für die Konsole müssen die Eisen unten, zwischen den beiden Wänden müssen sie oben liegen.

Die Biegungsmomente und die Anordnung der Haupttrageisen sind in der Abbildung 147 dargestellt.

c) Über die Berechnung schwimmender Fundamentplatten. Die Ausführung derartiger Fundamentplatten erfolgt vielfach unter Wohngebäuden bei schlechtem Baugrund, indem unter die Tragwände Verteilungsrippen gelegt werden, welche die Kräfte der Wände und Stützen an eine durchlaufende Fundamentplatte abgeben (Abb. 148).

Die Verteilung der Bodenpressungen bei diesen Fundamenten ist im allgemeinen sehr unsicher; sie hängt von den Zusammenpressungen der einzelnen Bodenteile und den Verbiegungen der Platten selber ab. Vielfach nimmt man an, daß die Bodenpressung proportional der Einsenkung ist. Für eine genaue Berechnung müßte eine Übereinstimmung zwischen der Einsenkungslinie und der Biegelinie der Platte erstrebt werden. Da aber derartige Berechnungen langwierig sind und trotzdem keine unbedingte Gewähr für eine richtige Verteilung der Bodenpressungen bieten, so begnügt man sich in der Regel damit, die Bodenpressungen geradlinig über die Fundamentfläche zu verteilen. Eine gleichmäßige Verteilung empfiehlt sich in diesem Falle nicht, sondern man bestimme die Verteilungslinie derart, daß der Schwerpunkt der wirkenden Kräfte mit dem Schwerpunkt der Spannungsfläche übereinstimmt. Wenn man hiernach die durch die Platten erzeugten Bodenpressungen von den Gesamtpressungen in Abzug bringt, kann man mit Hilfe eines Kräfte- und Seilpolygons für die im Gleichgewicht stehenden Lasten P und die Bodenpressungen σ die Biegungsmomente der Platten an jeder Stelle errechnen oder zeichnerisch mit Hilfe eines Seilpolygons darstellen.

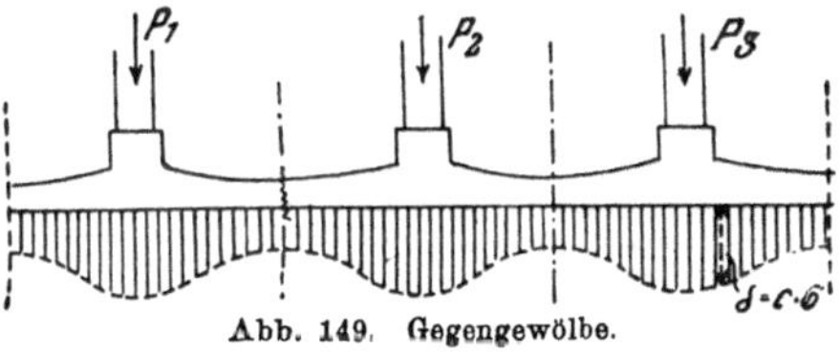

Abb. 149. Gegengewölbe.

Statt der Platten führt man ähnlich wie beim Mauerwerksbau mitunter auch in Eisenbeton sogenannte *Gegengewölbe* aus (Abb. 149). Diese sind jedoch *nicht* zu empfehlen, da bei ungleichmäßigen Senkungen der Fundamente von einer Gewölbewirkung keine Rede sein kann, wie man erkennt, wenn man sich beispielsweise vorstellt, daß die Wand P_1 mit dem zugehörigen Fundamentteil stärker in den Boden einsinkt als die Wände P_2 und P_3. In diesem Falle würde der erste Gewölbebogen durch starke Biegungsmomente beansprucht und im oberen Teile aufreißen. Es hat also praktisch meist keinen Zweck, die obere Begrenzung der Platten bogenartig auszugestalten.

Mit Rücksicht auf die Unmöglichkeit, die Größe der Einsenkungen im voraus zu bestimmen, wird man die notwendigen Berechnungen bei solchen Fundamenten mit äußerster Vorsicht aufstellen müssen und wesentlich kleinere Beanspruchungen zulassen als bei gewöhnlichen Hochbaukonstruktionen.

Eine weitere nützliche Anwendung findet der Eisenbetonbau bei *Fundamentverbreiterungen*. Indem oberhalb des eigentlichen Fundamentes durch die Wand eine Anzahl Trageisen gruppenweise durch Schlitze hindurchgesteckt werden, läßt sich leicht eine Verbreiterung des Fundamentes um das Maß λ durch Eisenbetonplatten erzielen, wie aus der Skizze zu ersehen ist (Abb. 150). Man erhält die Bodenpressung

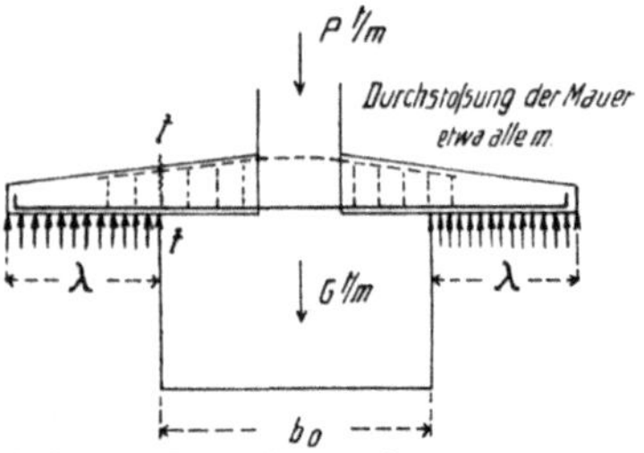

Abb. 150. Verbreiterung eines vorhandenen Fundamentes.

$$\sigma = \frac{P+G}{b_0 + 2\lambda}.$$

Daraus kann, wenn die zulässige Bodenpressung gegeben ist,

$$\lambda = \frac{P + G - b_0 \cdot \sigma}{2\sigma}$$

berechnet werden. Die Fundamentverbreiterung wirkt hier wie ein Konsol, welches in die Mauer eingespannt ist. An der Stelle $t-t$ beispielsweise wäre das Biegungsmoment:

$$M_t = \sigma \cdot \frac{\lambda^2}{2} \cdot 100 \text{ cmkg}.$$

Der Größtwert des Momentes tritt unter der Wandmitte ein.

B. Pfahlgründungen. Eine ausgedehnte Verwendung hat der Eisenbeton bei Pfahlgründungen gefunden. Wenn der gute Baugrund in größerer Tiefe liegt, so hat man früher meist Holzpfähle zu Gründungen verwendet. Das Holz fault jedoch schnell außerhalb des Grundwassers oder in wechselndem Wasserstand und ist daher für dauernde Bauten nur geeignet, wenn es ganz im Grundwasser liegt und der Grundwasserstand gesichert ist. Treffen diese Voraussetzungen nicht zu, so sind Eisenbetonpfähle am Platze. Der Vorteil der eisenarmierten Betonpfähle besteht auch darin, daß sie nicht wie Holzpfähle der Zerstörung durch den Holzwurm oder durch Bohrmuscheln ausgesetzt sind. Wenn man aber bedenkt, daß die Kosten eines Holzpfahles gleicher Tragkraft und Länge nur $\frac{1}{2}$ bis $\frac{2}{3}$

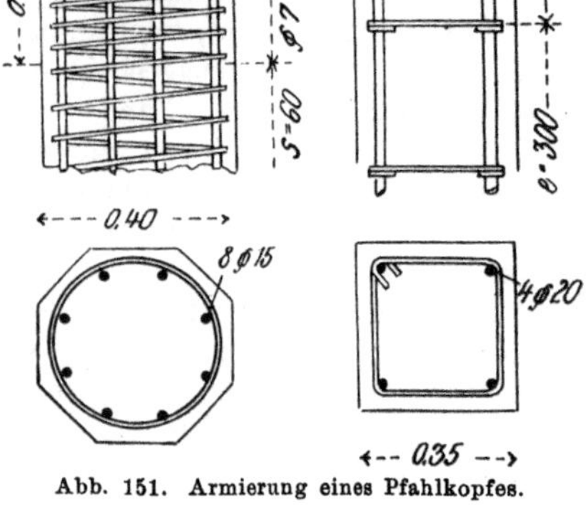

Abb. 151. Armierung eines Pfahlkopfes.

des Preises eines Eisenbetonpfahles betragen, so wird man, wenn nicht besondere Gründe vorliegen, im Grundwasser die billigeren Holzpfähle verwenden.

Der Eisenbetonpfahl wird, wenn er einmal im Boden steckt, nur auf Druck beansprucht, er bedarf dann einer Eisenarmierung im allgemeinen nicht mehr. Nur beim Rammen braucht er Eisen, da längere Pfähle die nötige Knicksicherheit haben müssen. Man verwendet Eisenbetonpfähle mit quadratischem oder polygonalem Querschnitt und mit Bügelarmierung oder mit kreisförmigem Querschnitt und Spiralarmierung (Abb. 151).

Die Eisenbetonpfähle werden stehend oder liegend hergestellt. Ursprünglich glaubte man, die Pfähle nur stehend herstellen zu

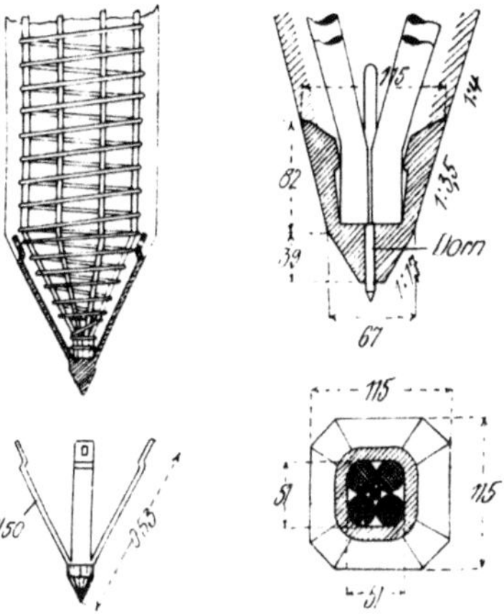

Abb. 152. Pfahlspitzen.

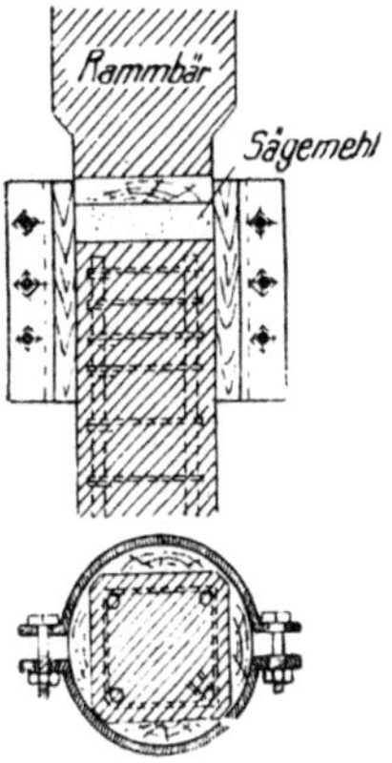

Abb. 153. Rammhaube.

können, damit die Druckkräfte senkrecht zu den Stampfflächen wirkten. Davon ist man aber später abgekommen, als man zur Herstellung weichen oder flüssigen Beton verwandte, für dessen Festigkeit keine bevorzugte Richtung in Betracht kommt.

Das *Einrammen* der Eisenbetonpfähle muß vorsichtig geschehen, damit die Pfähle nicht beschädigt werden. Zu dem Zwecke wird die Spitze des Eisenbetonpfahles dort, wo in dem Boden größere Steine zu erwarten sind, mit Eisenschuhen armiert und der Pfahlkopf, um ihn vor den Wirkungen der Rammschläge zu schützen, etwas stärker armiert als die übrige Pfahllänge. Außerdem verwendet man Rammhauben und sehr schwere Rammbären mit geringer Hubhöhe, so daß die Pfähle mehr in den Boden eingedrückt als hineingeschlagen werden.

Die Tragkraft derartiger Pfähle wird meist nach Brix berechnet nach folgender Formel:

$$P = \frac{H \cdot G \cdot Q^2}{s \cdot h (Q + G)^2}.$$

H = Fallhöhe des Rammbären
G = Gewicht des Pfahles
Q = Gewicht des Rammbären
s = Sicherheitsgrad
h = letztes Ziehen des Pfahles in cm

Eine praktische Regel, die bei der Berechnung der Tragkraft von Grundpfählen angewendet werden kann, ist folgende: Ein Pfahl besitzt die seinem Querschnitt entsprechende Tragfähigkeit, wenn die Eindringungstiefe beim Rammen für 1000 mkg lebendiger Kraft 1 mm oder weniger beträgt.

Vielfach verwendet man statt der Eisenbeton-Rammpfähle im Boden selbst erzeugte Pfähle.

a) Die Straußschen Pfähle. Diese Pfähle werden in der Weise hergestellt, daß man eine Blechröhre von 20 bis 40 cm Durchmesser in den Boden *einbohrt.* Nachdem diese bis zum tragfähigen Baugrund versenkt ist, füllt man das Innere mit Beton und zieht gleichzeitig mit dem Verfüllen die Blechröhre wieder hoch (Abb. 154). Durch mehr oder weniger kräftiges Stampfen wird der Beton seitlich herausgedrückt, wie es der Beschaffenheit des Bodens entspricht und dadurch in gewünschter Weise die Reibung am Pfahlumfang vergrößert.

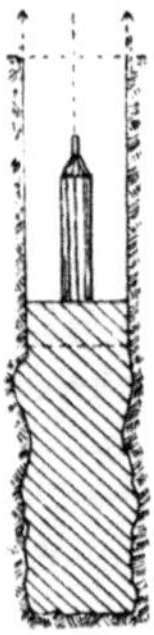

Abb. 154. Straußpfahl

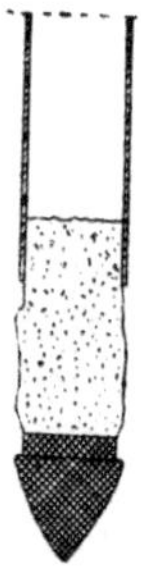

Abb. 155. Simplexpfahl mit Eisenspitze.

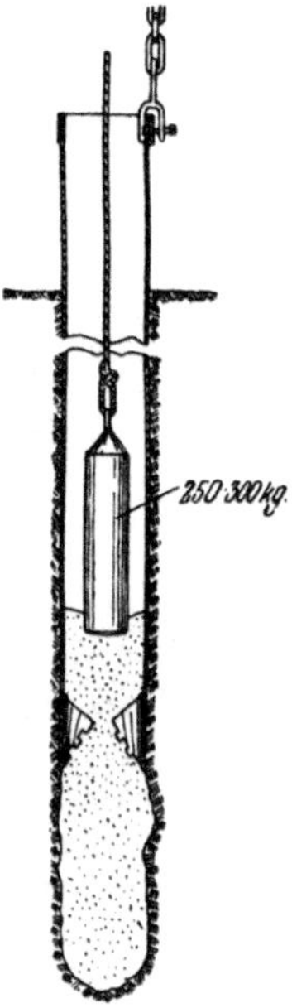

Abb. 155 a. Simplexpfahl.

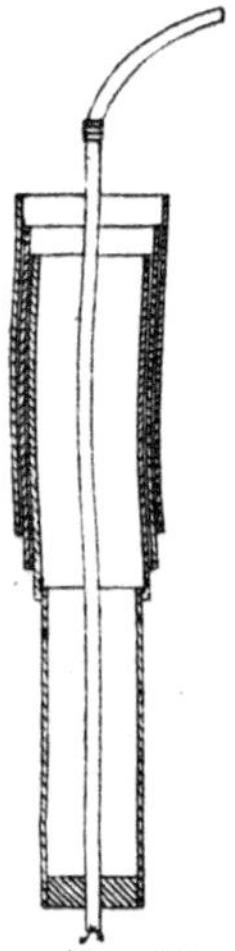

Abb. 156. Teleskoppfahl.

b) Die Simplexpfähle. Während bei dem Straußschen Pfahl die Eisenröhre eingebohrt wird, wird bei dem Simplexpfahl die Eisenröhre mit Eisen- oder Eisenbetonspitze *gerammt.* Im übrigen ist die Ausführung genau die gleiche wie beim Straußpfahl. Die Spitze bleibt im Boden, während das Rohr wieder hochgezogen wird.

Dieses Verfahren ist später etwas umgebildet worden, indem man statt der verlorenen Spitze eine Alligatorspitze verwendete (Abb. 155a), welche beim Ausbetonieren mit dem Rohr hochgezogen wurde. Man verwendet Rammbären mit Gewichten von 1600—2500 kg und 1—2 m Fallhöhe. Der Beton im Innern wird mittels eines Stampfstößels gestampft, der 250—300 kg Gewicht hat.

c) Blechrohrpfähle. Es gehören dazu die Bauweisen Raymond, Stern, Janssen u. a. Sie bestehen darin, daß man eine Blechröhre in den Boden einbohrt und nachher mit Beton füllt. Die Blechröhre bleibt im Boden stecken und verstärkt den Betonpfahl. Derartige Verfahren wird man dort verwenden, wo Rammen ausgeschlossen ist. Man kann Blechrohrpfähle auch dann verwenden, wenn schädliche Angriffe des Grundwassers auf den Beton infolge Säuregehaltes zu befürchten sind. Die Blechröhren hat man mitunter auch gemäß Abb. 156 verwendet. Eine Reihe konischer Rohrschüsse sind ineinander gesteckt; der untere Abschluß erfolgt durch eine eiserne Platte, durch die ein Spühlrohr hindurch geht. Durch Verwendung von Druckwasser und Belastung der Rohrschüsse werden diese bis zur entsprechenden Tiefe in den Boden versenkt. Die Rohre können nachher mit Beton ausgefüllt werden.

d) Die Dulacsche Gründung. (Abb. 157.) Diese Gründung setzt einen weichen und zähen Boden voraus. Von größerer Höhe (6—10 m) läßt man einen konischen Fallstößel aus Eisen fallen, welcher in den Boden ein Loch von größerer Tiefe schlägt. Durch eine an einem Dreibock angebrachte Hubvorrichtung wird der Stößel wieder gehoben und so oft fallen gelassen, bis das Loch eine entsprechende Tiefe hat. Dieses Loch kann hiernach mit Beton ausgefüllt werden. Die Ausführung ist jedoch vorsichtig durchzuführen, damit nicht Teile der Wandung abbröckeln und zwischen den Füllbeton gelangen. Man kann das Verfahren mit Sicherheit nur dann anwenden, wenn ein zäher, standfester Boden vorliegt.

Abb. 157. Dulacsche Gründung.

19. Stütz- und Staumauern.

A. Stützmauern. Bei den Stützmauern der älteren Ausführungen benutzt man das *Gewicht* des Bauwerks, um dem Erddruck das Gleichgewicht zu halten. Man muß also Mauern von beträchtlicher Querschnittsgröße ausführen oder Gewölbe zwischen einzelne Stützpfeiler spannen. Die letztere Ausführung findet sich auch für Eisenbetongewölbe (Abb. 158 und 159). Die Gewölbe sind mit Eisen armiert, ohne daß jedoch die Bauweise als Eisenbetonkonstruktion im engeren Sinne anzusehen ist.

Später hat man dann statt der Gewölbe senkrecht stehende Platten zwischen den Pfeilern angeordnet (Abb. 160). Die Platten

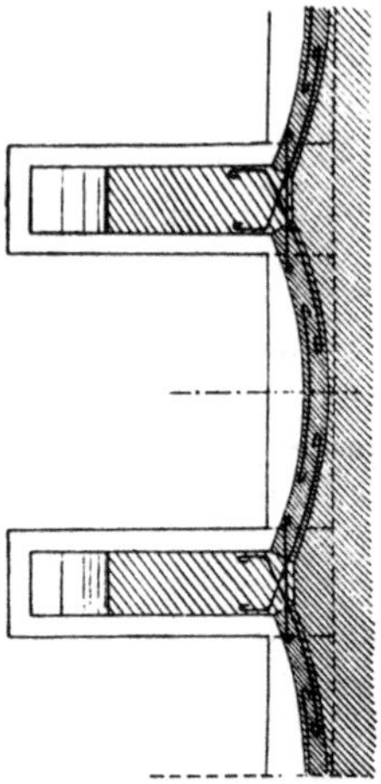

Abb. 158. Stützmauer, wagerechter Schnitt.

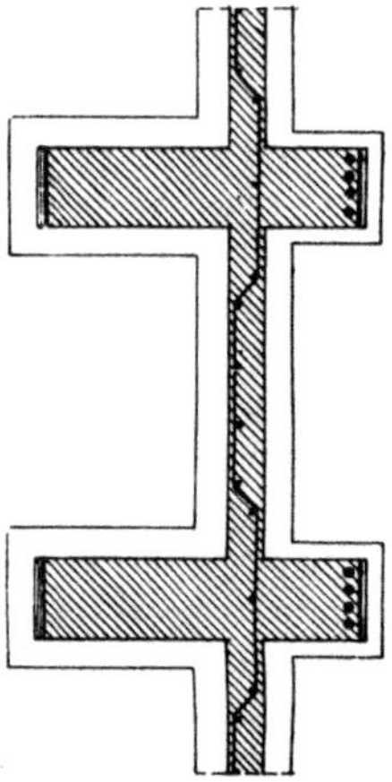

Abb. 160.

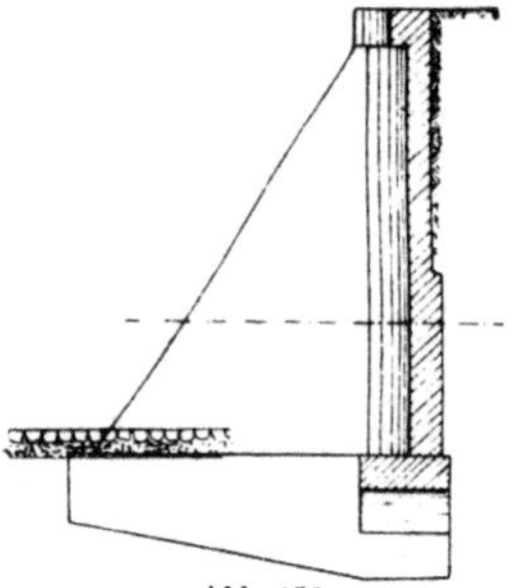

Abb. 159. Stützmauer, Querschnitt.

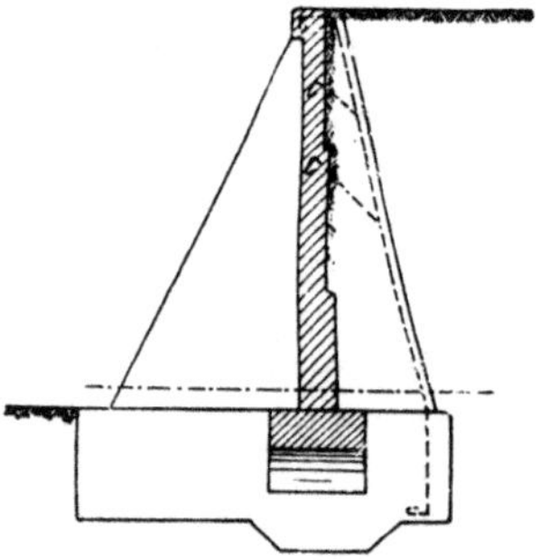

Abb. 161.

Abb. 160/161. Stützmauer aus Strebepfeilern mit E. B. Platten.

sind als durchlaufende Platten auf den Pfeilern gelagert. Die Armierung erfolgt in entsprechender Weise, wie es in Abb. 160 durch die Haupttrageisen angedeutet ist. Betrachtet man den Querschnitt I—I des in Abb. 161 dargestellten Pfeilers, so wird in vielen Fällen der Durchdringungspunkt S der Mittelkraft außerhalb des Kernpunktes liegen. Um die auftretenden Zugkräfte aufzunehmen, kann eine Armierung an der Rückseite des Pfeilers notwendig werden, wie es in Abb. 161 angedeutet ist. Der Vorteil dieser aufgelösten Stützmauern gegenüber den massiven besteht darin, daß die Gesamtbelastung des Fundamentes wesentlich kleiner wird.

Eine *Winkelstützmauer* einfachster Konstruktion ist in Abb. 162 dargestellt. Sie besteht aus zwei winkelförmig zusammengesetzten Platten, die entsprechend mit Eisen armiert sind. Auf die Mauer wirkt der Erddruck E und das verhältnismäßig kleine Eigengewicht. Die Resultierende beider ruft Bodenpressungen unter dem horizontalen Schenkel der Mauer hervor. Gegenüber einer vollwandigen Stützmauer erhält man wesentlich kleinere Drucke. Da die beiden

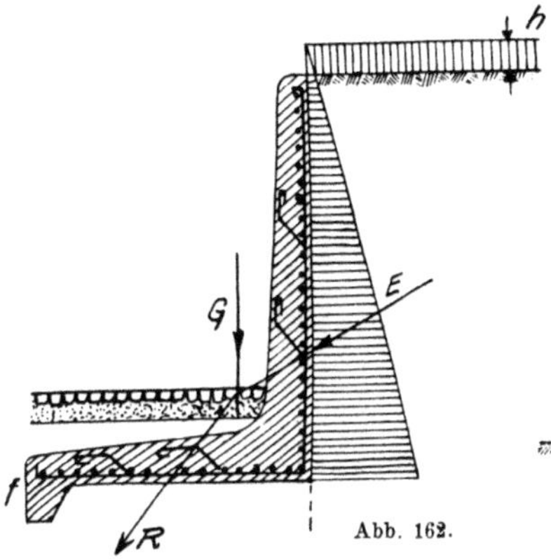

Abb. 162.

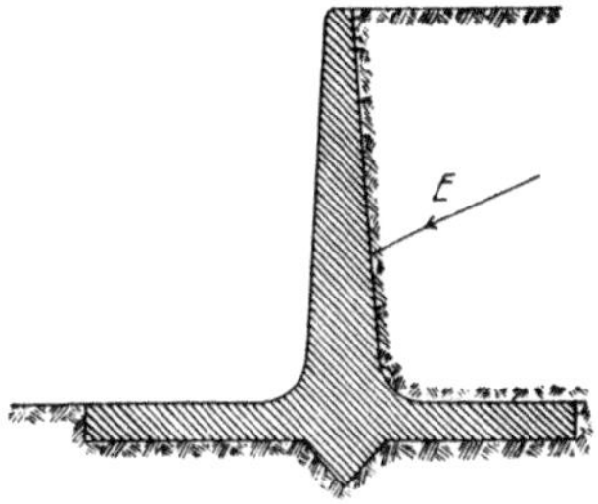

Abb. 161.

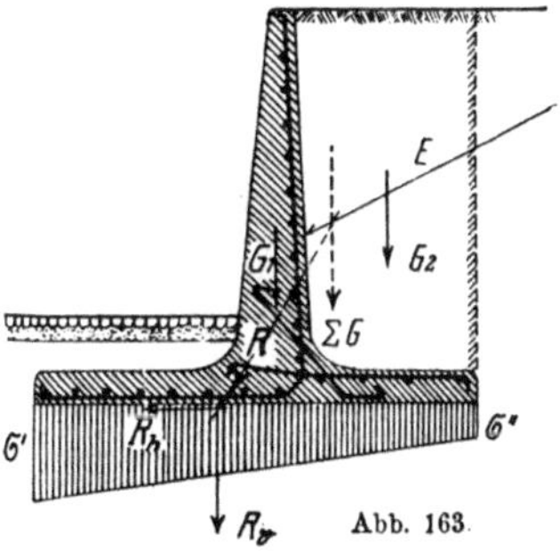

Abb. 163.

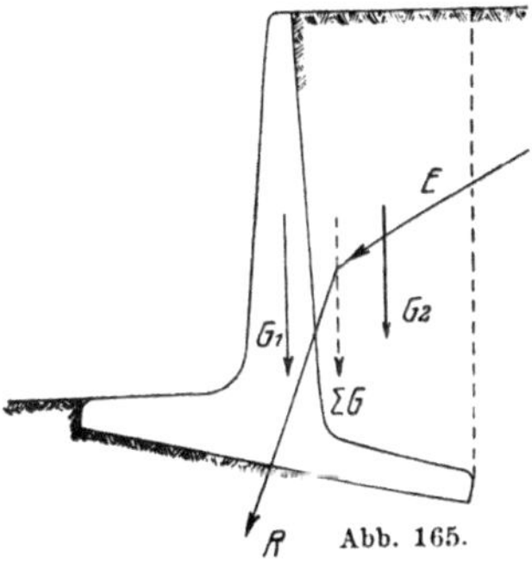

Abb. 165.

Abb. 162—165. Verschiedene Arten von Winkelstützmauern.

Winkelschenkel der Stützmauer durch die Erdkräfte auf Biegung beansprucht werden, sind dieselben entsprechend mit Eisen zu armieren. Dort, wo die Eisen nicht mehr nötig sind, werden sie in die Druckzone abgebogen. Senkrecht zu den Trageisen liegen Verteilungseisen. Diese Konstruktion mag z. B. zweckmäßig für den Fall sein, daß man an einer Grenze eine Stützmauer errichten will, ohne in das Nachbargrundstück hineinzubauen. Eine andere Ausführungsmöglichkeit für eine Winkelstützmauer ist in Abb. 163 dargestellt. Die wirkenden Kräfte sind der Erddruck E, ferner das Gewicht G_1 des Eisenbetonquerschnittes und außerdem noch das Gewicht des Hinterfüllungsmaterials (Abb. 163), soweit es auf die rückwärtige Platte belastend wirkt. Der vordere Teil der Fundamentplatte wirkt als Konsolplatte. Ein Nachteil dieser Art Winkelstützmauern ist der, daß die Resultierende R infolge ihrer geneigten Lage das Fundament verschiebt, wenn nicht die Reibung oder der Erdwiderstand eine ausreichende Gegenwirkung bieten. Man muß dem zu begegnen suchen entweder durch zahnförmige Vorsprünge in der Fundamentfläche (Abb. 164) oder durch Schrägstellung der Platte (Abb. 165)

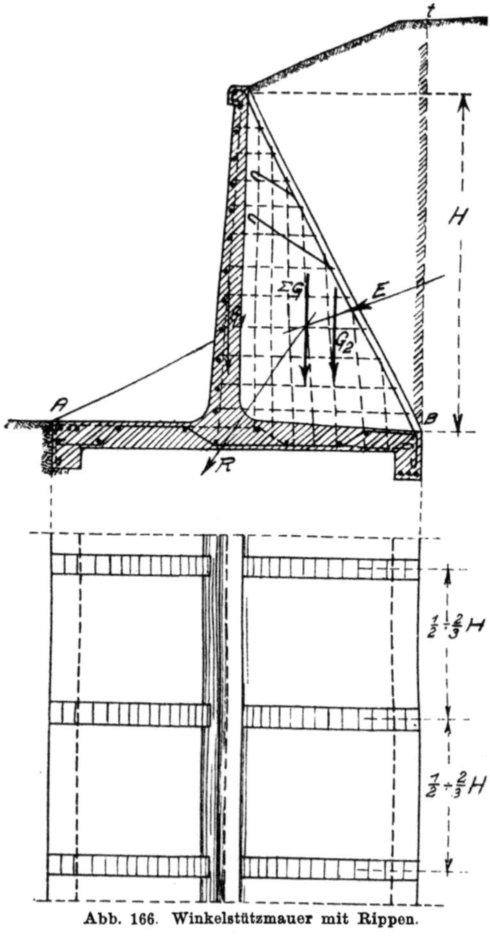

Abb. 166. Winkelstützmauer mit Rippen.

Neuerdings hat man diese Winkelstützmauern noch weiter vervollkommnet und in Platten und Rippen aufgelöst (Abb. 166). Die Entfernung der Rippen wird sich in erster Linie nach der Höhe H der Mauer richten und bis zu $\frac{1}{2}$ bis $\frac{2}{3}$ H gewählt werden können. Die Breite der Fundamentplatte ist derart zu bestimmen, daß die Resultierende der wirksamen Kräfte keine unzulässigen Bodenpressungen an der Vorderkante erzeugt. Vielfach werden die Bodenpressungen unter der Vorderseite und die Gewichtskräfte über der Hinterseite durch besondere Randträger A und B auf die Rippen übertragen. Die Bodenplatten sind in diesem Falle vierseitig aufgelagert und dementsprechend kreuzweise zu armieren. Die stehende Platte, die den Abschluß des Erdreichs bildet, ist als durchlaufende Platte zu berechnen, welche an den Rippen gelagert ist. Die Rippen selber bilden Konsolträger, die in das Fundament eingespannt sind und durch die Auflagerkräfte der durchlaufenden Platte belastet werden. Sie erhalten außer den

Zugeisen in der Rückfläche noch horizontale und vertikale Verteilungseisen, welche die Platten in Verbindung mit den Rippen bringen. Die wichtigsten Teile der Armierung sind aus der Abb. 166 zu ersehen.

B. Wehre und Staumauern. Auch für Wehre und Staumauern ist der Eisenbetonbau mit Erfolg angewandt worden (Abb. 167). Man hat bei der dargestellten Ausführung den Vorteil, daß der Wasserdruck, senkrecht zur Oberfläche wirkend, sich in günstiger Weise mit dem Gewicht der Pfeiler zusammensetzt. Neuerdings sind auch Talsperren größerer Abmessungen im Eisenbetonbau, besonders in Amerika, zur Ausführung gekommen. Um an den gewaltigen Mauermassen zu sparen, hat man den Querschnitt in einzelne Pfeiler, die durch gewölbeartige oder ebene Platten auf der Wasserseite verbunden sind, aufgelöst. Die Mauern sind im Grundrisse teils bogenförmig bis zu den Talhängen, teilt geradlinig zur Ausführung gekommen. Die geschlossenen Vorderflächen sind etwa unter 45⁰ geneigt angeordnet und die dünnen Wände der Rippen durch eine große Anzahl horizontaler Versteifungsträger auf der Luftseite verbunden. Mit Rücksicht auf das Schwinden und die Einflüsse der Temperatur verdienen bei derartigen Ausführungen die Ausdehnungsfugen besondere Beachtung.

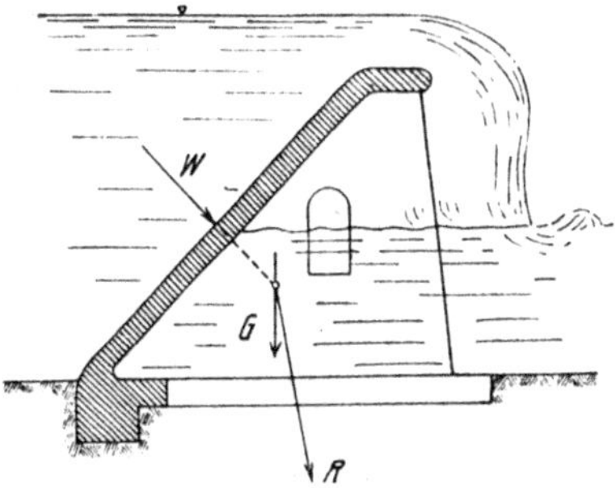

Abb. 167. Wehranlage in Eisenbeton.

20. Stützen und Wände.

A. Die Stützen. Man verwendet entweder runde oder polygonale Querschnitte der Stützen, deren Durchmesser zwischen 15 und 60 cm schwanken. Als Armierung dienen meist Rundeisen und zwar in einem Armierungsprozentsatz von 0,8—2 % und mit einem Durchmesser von 10—40 mm. Die Bügel werden in der Regel als Querbügel ausgeführt, und zwar entweder als Flacheisen mit Lochungen oder Ausschnitten gemäß Abb. 168, oder meistens als Rundeisen von 5—12 mm Durchmesser. Abstand der Bügel $\frac{1}{2}d$ bis 1 d, worin d der kleinste Durchmesser der Säule ist. Eine besonders wirksame Armierung ist die Spiralarmierung, die ebenfalls

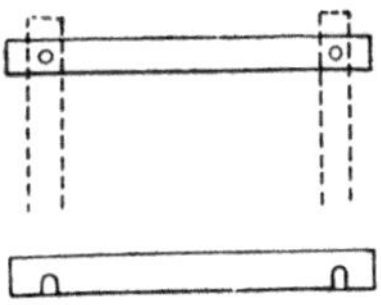
Abb. 168. Flacheisenbügel der Stütze.

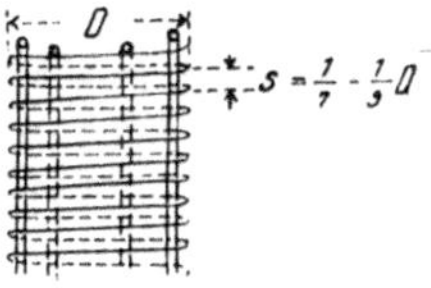

Abb. 169. Spirale.

in Verbindung mit Längseisen angewandt wird. Die Spiralen erhalten einen Durchmesser von 5—15 mm und eine Steighöhe $s = \frac{1}{7} - \frac{1}{9}\, d$ (Abb. 169).

a) Stoß der Längseisen der Säulen. Bei Hochbauten gehen die Säulen oft durch mehrere Geschoße hindurch, so daß die Längseisen

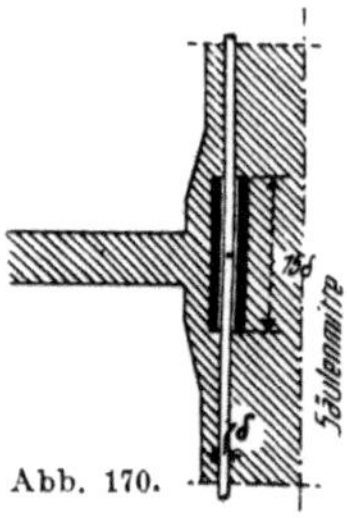

Abb. 170.

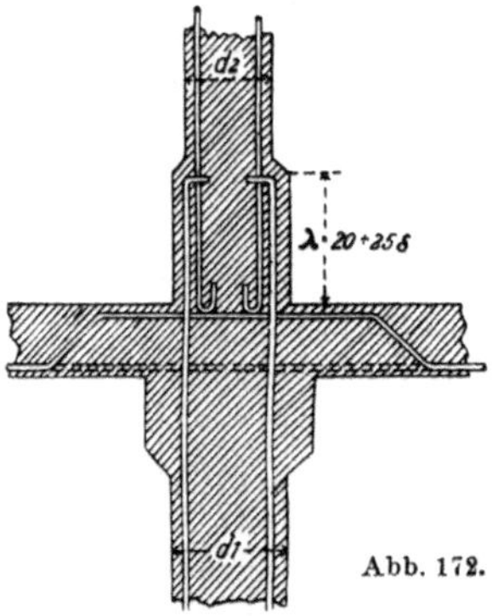

Abb. 172.

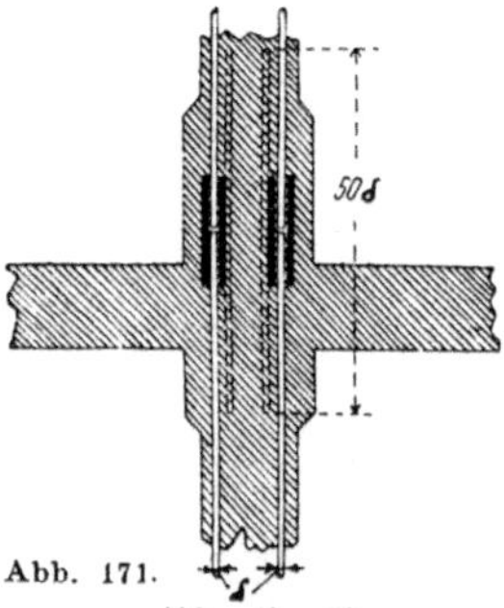

Abb. 171.

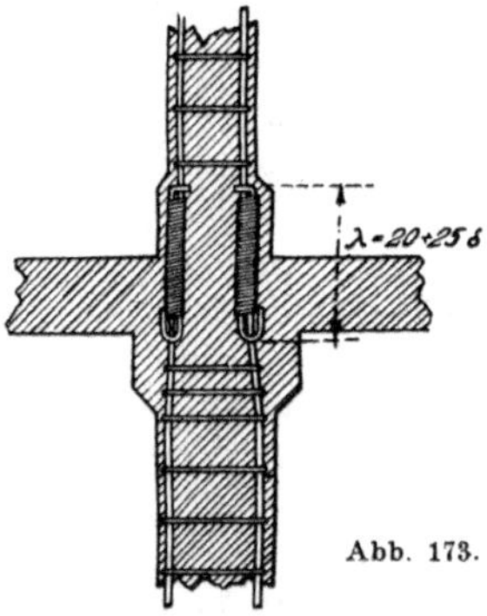

Abb. 173.

Abb. 170—173.
Stoßausbildung der Säulen.

an einzelnen Stellen zu stoßen sind. Das geschieht meist in der Höhe der Decke. Das Stoßen der Eisen kann in verschiedener Weise erfolgen. Man hat einmal Stöße ausgeführt (Abb. 170), bei denen die Rundeisen übereinandergesetzt und über die Stoßstellen Gasrohre gesteckt werden. Derartige Stoßstellen können jedoch keine Momente übertragen. Die Druckübertragung findet in den Berührungsflächen der Eisen und in den Verstärkungen von Säulenfuß und -kopf statt. Will man die Momente an den Fußpunkten der Säule aufnehmen, so ordne man Beistäbe an, deren Länge gleich 50 δ ist (Abb. 171—173), oder man läßt die zu stoßenden Eisen sich um die Länge 20—25 δ übergreifen. Die Stoßstellen werden zweckmäßig durch Bindedraht umwickelt, so daß die Lage der Enden gesichert ist.

b) Ausbildung des Säulenfußes. Die Fundamentplatten werden vielfach vorher fertiggestellt, bevor man die Säulen ausführt (Abb. 174). Da die Längskraft der Eisen allmählich am unteren Teile in den Beton hineingeleitet werden muß, so findet eine Verbreiterung der Säulen unmittelbar über der Fundamentplatte statt. Aus den zulässigen Bodenpressungen ergibt sich die Breite B der Fundamentplatte, die bei flacher Gründung in der Regel zu armieren sein wird. Bei stärker belasteten Säulen wird man den Säulenfuß unter Umständen mit der Säule zusammen ausführen. Es kann dann vorteilhaft sein, die Platte mit Versteifungsrippen zu versehen, um bei breiter Ausladung an Dicke und Eiseneinlagen zu sparen. Die Enden der Rundeisen stellt man hierbei oft zwecks besserer Druckübertragung auf Flacheisen auf (Abb. 175).

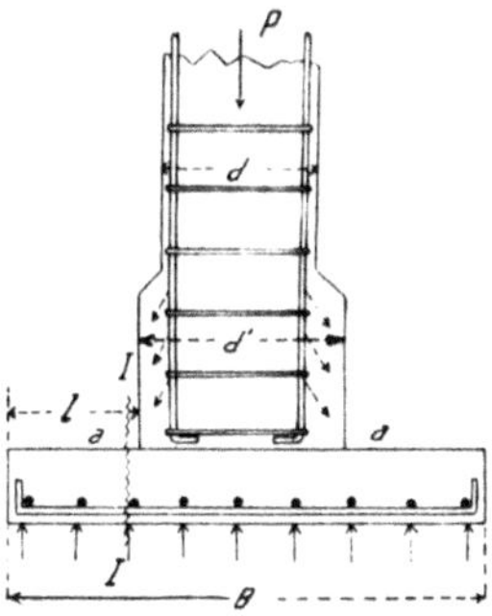

Abb. 174. Säulenfuß.

Es wären dann noch die Säulen nach der Bauart Visintini zu besprechen. Das sind fabrikmäßig hergestellte Säulen, die schon vorher erhärtet sind, ehe sie zur Verwendung kommen (Abb. 176). Die Säulen werden entsprechend der Ausbildung eiserner Säulen fachwerkartig ausgebildet. Die Gitterstäbe sind entweder als Wendediagonalen oder als Diagonalen und Pfosten angeordnet. Die Ma-

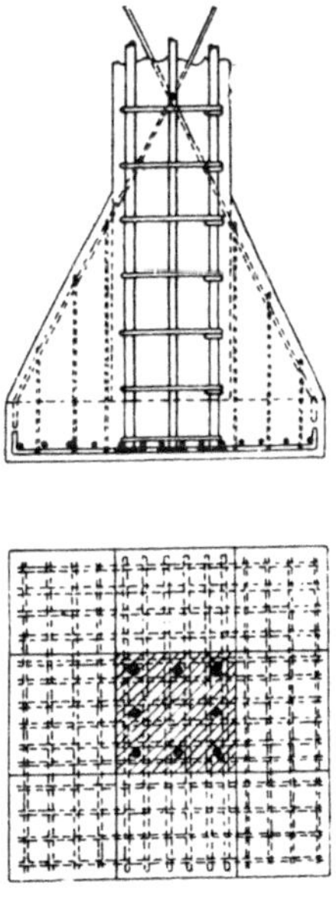
Abb. 175. Säulenfuß.

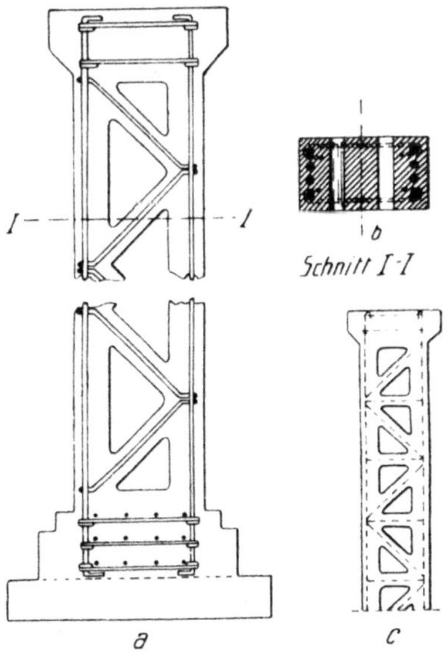

Abb. 176. Säulenbauart Visintini.

schenweite ergibt sich aus der Erwägung, daß die Rundeisen zwischen den Knotenpunkten knicksicher sein müssen.

B. Die Wände in Eisenbeton. Man unterscheidet Tragwände und Zwischenwände. Die Tragwände werden vielfach in Säulen und Füllungswände aufgelöst. Namentlich bei Fabrikgebäuden werden die Umfassungswände in Pfeiler aufgelöst, zwischen denen die Wände ausgemauert oder ausbetoniert werden.

Der Nachteil der *Betonwände für Wohngebäude* besteht darin, daß sie weniger Schutz gegen Kälte und Hitze bieten als das Mauerwerk. Die Räume sind außerdem hellhörig. Es werden Schallerscheinungen auf große Strecken übertragen, was für Wohngebäude unter Umständen recht störend ist. Auch ist das Einschlagen von Nägeln bei solchen Wänden schwierig. Wenn es auch durch gewisse Zusätze zum Beton möglich ist, nagelbare Wände herzustellen, so erfordern diese wiederum besondere Kosten. Man verwendet daher Eisenbetonwände bei Wohngebäuden nicht in dem Umfange wie bei Fabrikgebäuden. Bei diesen erhält man geringe Wandstärke, daher günstige Ausnutzung der Bodenfläche, außerdem ein geringes Gewicht des Gesamtgebäudes mit entsprechender Ersparnis an Fundamentkosten und schließlich eine rasche Herstellung. Die Wände werden entweder in horizontaler oder vertikaler Richtung *armiert*, je nach der geringsten Entfernung der Lager. Seltener findet man bei vierseitiger Auflagerung eine kreuzweise Armierung. In der Richtung der größeren Länge der Wände sind Verteilungseisen anzuordnen. Die Lage der Eiseneinlagen richtet sich nach der Beanspruchung, sie liegen entweder in der inneren oder äußeren Fläche. Wenn eine Beanspruchung von beiden Seiten in Betracht kommt, wird man eine beiderseitige Armierung zur Ausführung bringen müssen.

Die Eisenbetonwände sind, wenn sie nicht durch größere Öffnungen in ungünstiger Weise durchbrochen werden, als *freitragend* anzusehen und bedürfen in diesem Falle keiner Unterstützung durch Zwischenwände oder durch besondere Fundamente. Falls die Zwischenwände als freitragend zur Ausführung kommen, ist für eine sorgfältige Verbindung der Wände mit den anschließenden Pfeilern oder Querwänden Sorge zu tragen.

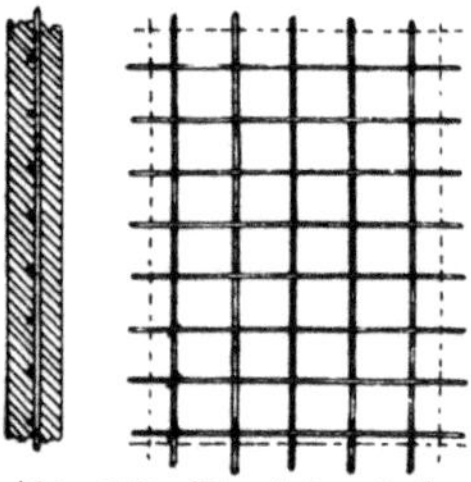
Abb. 177. Eisenbetonwände.

Die Durchmesser für die Trageisen betragen in der Regel 10—15 mm, für die Verteilungseisen 8—10 mm. Die Entfernung der Trageisen richtet sich nach den Beanspruchungen. An Verteilungseisen genügt es, 20—30 % des Querschnitts der Trageisen zur Anwendung zu bringen. (Abb. 177.)

Zu den Eisenbetonwänden gehören auch die sogenannten *Rabitz*wände. Sie unterscheiden sich von den vorher genannten Eisenbetonwänden nur dadurch, daß man dünnere Drahtgewebe verwendet und zwar von 1—1½ mm Stärke, 20—30 mm Maschenweite, hergestellt aus verzinktem Eisendraht. Dieses Drahtgewebe wird auf Holz oder auf Eisenrahmen (Winkeleisen) gespannt und hiernach mit besonders zähem Mörtel verputzt. Zur Umhüllung des Drahtgewebes verwendet man vielfach eine Umkleidung mit einer Mischung aus Sand, Kalk, Gips und Kuhhaaren.

Für belastete freitragende Wände ist das System Hennebique zur Ausführung gekommen. Es besteht darin, daß man zur Aufnahme der horizontalen Kräfte Eisen an beiden Rändern verlegt und außerdem in der Mitte noch einmal Eisen, die die senkrechten Biegungsmomente aufnehmen sollen. Die beiden Lagen der Trageisen werden durch Bügel verbunden (Abb. 178).

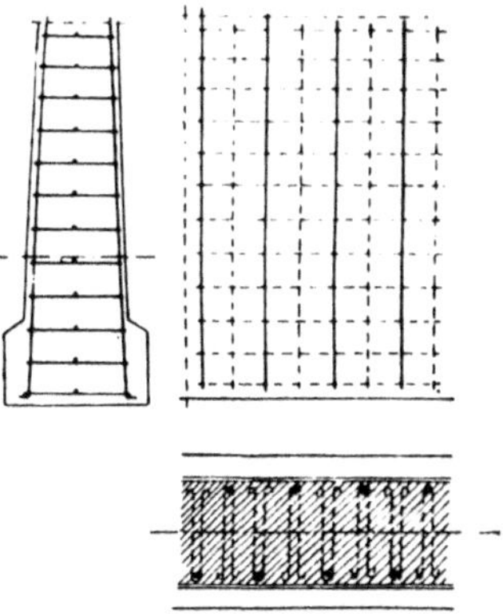

Abb 178. System Hennebique.

21. Deckenbau des Hochbaues.

Eines der wichtigsten Anwendungsgebiete in der Eisenbetonindustrie ist der *Deckenbau*. Die Vorteile, die bei der Verwendung des Eisenbetons zu erwarten sind, sind folgende: Geringe Stärke und geringes Gewicht der Decken, Widerstandsfähigkeit gegen Erschütterungen, Dauerhaftigkeit, niedriger Preis.

In *statischer* Hinsicht ist als besonderer Vorteil die Monolithität des Bauwerks zu bewerten, die durch Verbindung der Stützen, Wände und Decken erzielt wird. Hierdurch werden die Gebäude gegenüber beträchtlichen Erschütterungen (Erdbeben, Bergbausenkungen) widerstandsfähig. Als *Nachteil* steht diesen Vorteilen die Wärme- und Schalldurchlässigkeit gegenüber.

Als *Deckenbelag* kann man bei Eisenbetonkonstruktionen die verschiedensten Fußbodenbeläge ausführen, wie man sie auch sonst im Hochbau verwendet. Man verwendet *Holzfußboden* auf einbetonierten Polsterhölzern mit Zwischenschichten aus Sand und Schlacken. Die Polsterhölzer werden entweder direkt in den Beton einbetoniert, oder in eine Schicht Schlacken oder Sand verlegt, die man auf den Beton schüttet. Sie dienen dazu, eine gleichmäßige etwas elastische Unterlage zu schaffen. *Linoleum* verlegt man auf Gipsestrich oder auf Korksteinplatten, *Parkett* auf 1 cm starken Asphaltschichten oder auf Blindboden. Für Geschäftsräume, Lagerräume eignen sich *Fliesen* auf Asphalt oder Zementmörtel und schließlich Fußböden, wie man sie in Toreingängen oder Fabrikgebäuden verwendet: *Asphalt*, *Zement* oder *Steinfußbodenestrich*.

Als *Material* für die Eisenbetondecken verwendet man den üblichen Kiesbeton; bei kleiner Belastung kann man auch den Bimsbeton wegen seines geringen Gewichtes wählen. Der letztere findet sich häufig zur Herstellung der Dachhaut in Eisenbeton.

Steineisendecken, das sind Ziegelsteindecken mit Eiseneinlagen, werden entweder auf Schalung und Rüstung hergestellt oder auch ohne Schalung ausgeführt. Wenn man Ziegelsteine nebeneinander auf die Schalung mit kleinen Zwischenräumen oder Fugen stellt (Abb. 179), in diese Rund- oder Flacheisen verlegt und sie nachher mit Beton ausfüllt, so kann man diese Decken wie Eisenbetonkonstruktionen berechnen. Die Bestimmungen des Staatskommissars für das Wohnungswesen vom 23. 1. 18 besagen hierüber im wesentlichen folgendes:

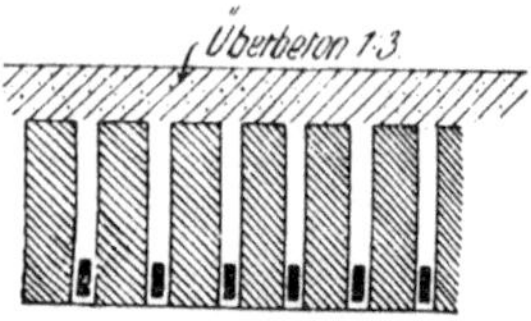

Abb. 179. Steineisendecke.

Das Elastizitätsmaß des Ziegelsteinkörpers solcher Decken kann derart angenommen werden, daß es den 15. Teil desjenigen des Eisens ausmacht, daß also $n = 15$ ist.

Die Druckbeanspruchung bei Biegung ist bei Anwendung von Zementmörtel 1 : 3 mit höchstens 7 % Weißkalkzusatz nicht über 15 % der nachgewiesenen Druckfestigkeit der Steine, keinesfalls über 35 kg/cm² anzusetzen. Wenn die Stärke des Überbetons weniger als 3 cm beträgt, so wird er überhaupt nicht berücksichtigt, beträgt sie 3 cm und mehr, so kann der Überbeton mit in Rechnung gestellt werden, wenn das Mischungsverhältnis 1 : 3 beträgt, und zwar mit denselben Beanspruchungen wie die der Ziegelsteinkörper. Ist die Stärke des Überbetons mehr als 5 cm, so ist die ganze Konstruktion nach den Regeln für Eisenbetondecken zu berechnen, d. h. die Ziegelsteine sind nur als Füllung zwischen den Eisen und der Druckplatte zu betrachten.

Mit Rücksicht auf Erschütterungen, welchen derartige Decken ausgesetzt sein können, bestimmt der erwähnte Erlaß, daß die Beanspruchungen abgestuft werden und zwar:

a) für ruhende Belastung:

$$\sigma_b = 35 \text{ kg/cm}^2 \quad \sigma_e = 1200 \text{ kg/cm}^2,$$

b) bei unmittelbarer Einwirkung von Stößen und Erschütterungen, wie sie in Fabriken und Tanzsälen vorkommen:

$$\sigma_b = 30 \text{ kg/cm}^2 \quad \sigma_e = 1000 \text{ kg/cm}^2,$$

c) für starke Erschütterungen durch schwere Maschinen, in Maschinen- und Werkstättengebäuden und Durchfahrten:

$$\sigma_b = 25 \text{ kg/cm}^2 \quad \sigma_e = 900 \text{ kg/cm}^2.$$

Als zulässige Schubbeanspruchung der Deckensteine gelten 2,5 kg/cm². Diese Beanspruchung darf auf 4,0 kg/cm² erhöht werden, wenn für die verwendeten Ziegelsteine eine Druckfestigkeit von mehr als 225 kg/cm² nachgewiesen wird. Die Steine dieser Decken werden zur Gewichtsersparung vielfach als Hohlsteine ausgebildet. Die Bestimmungen verlangen jedoch mit Recht, daß bei Schubbeanspruchungen von mehr als 4 kg/cm² nur Vollsteine verwendet und die Schubbeanspruchungen ganz durch eingelegte Eisen oder Bügel aufgenommen werden. Die größte zulässige Lichtweite dieser Decken beträgt $l_{max} = 6{,}5$ m.

Aus der großen Zahl zum Teil patentierter Ausführungsmöglichkeiten von Decken in Eisenbeton oder in Steinen mit Eiseneinlagen mögen nur folgende erwähnt werden:

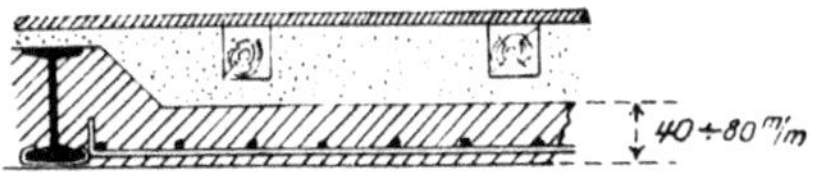

Abb. 180.

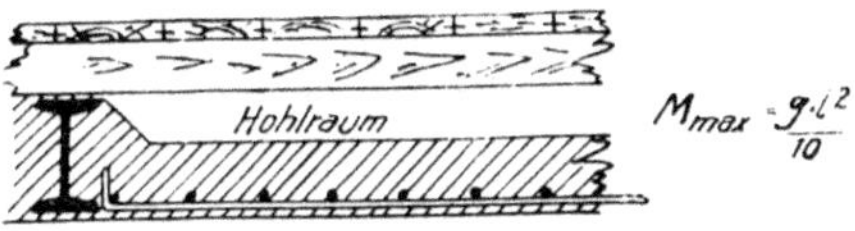

Abb. 181.

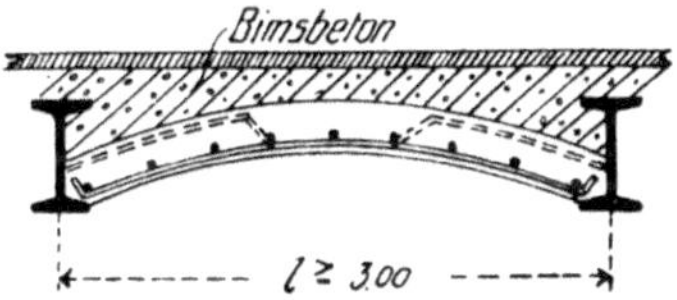

Abb. 182.

Abb. 180—182. E. B. Decken zwischen eisernen Trägern.

A. Plattendecken aus Eisenbeton. (Abb. 180.) Eisenbetonplatten werden fertig hergestellt zwischen die Flanschen von I-Trägern verlegt oder auf Schalung gestampft. Will man an Gewicht sparen und die Wärme- und Schalldurchlässigkeit mindern, so kann man eine Konstruktion nach Abb. 181 wählen. Für größere Spannweiten als 3 m empfehlen sich Gewölbe (Abb. 182), die meist nur in der unteren Leibung armiert sind. Wenn größere Lasten in Betracht kommen, wird empfohlen, auch in der oberen Leibung, insbesondere am Kämpfer, Eisen einzulegen. Hierzu gehören auch die *Koenenschen Voutendecken* (Abb. 183). Deckenstärke 8—15 cm, Spannweite bis $7\frac{1}{2}$ m. Koenen verwendet ursprünglich Flacheisen für die Armierung und rechnet mit einer teilweisen Einspannung.

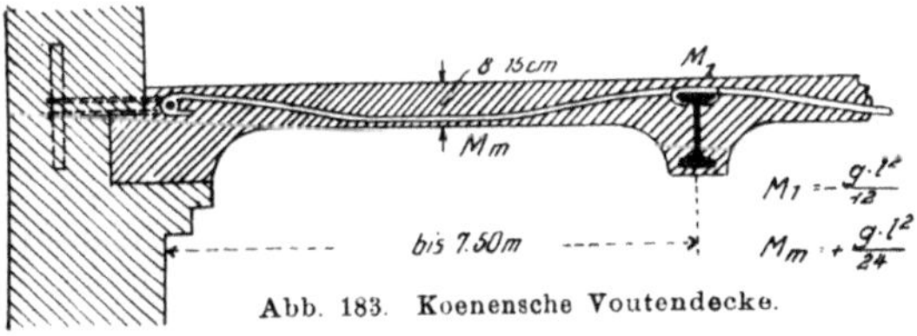

Abb. 183. Koenensche Voutendecke.

Er empfiehlt: $M_1 = -\dfrac{g l^2}{12} \qquad M_m = +\dfrac{g l^2}{24}.$

B. Eisenbewehrte Steindecken. Bei der Ausführung dieser Decken gemäß Abb. 184 ergibt sich der Nachteil, daß sie bei größerer Spannweite der Träger sehr schwer werden; deshalb hat man die Unterfläche etwas erhöht angeordnet und die Decke auf Stelzen gesetzt (Abb. 185). Um den Flansch kann man ein Drahtgeflecht hängen und den Flansch verputzen. Diese Decken werden vielfach als *Klein*esche *Decken* bezeichnet und sind seit 1892 im Gebrauch. Die eingelegten Bandeisen haben in der Regel eine Stärke von 1 mm und eine Höhe von 25 mm; je nach der Spannweite verwendet man die Steine mit 6,5 cm oder 12 cm Höhe.

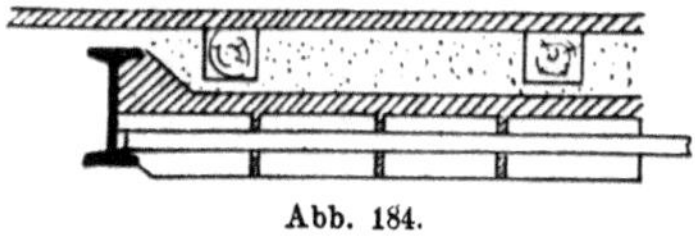

Abb. 184.

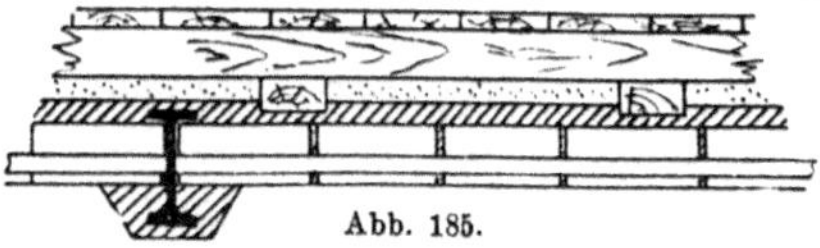

Abb. 185.

Abb. 184/185. Steineisendecke (Kleinesche Decke).

Als Eigengewicht solcher Decken kann bei Verwendung von Schwemmsteinen 85 kg/qm, bei 12 cm hohen Normalsteinen 192 kg/qm in Rechnung gestellt werden. Zur Gewichtsverminderung kann man Hohlsteine statt der Vollsteine verwenden, bei geringeren Beanspruchungen auch künstliche Steine aus Bimsbeton oder Schwemmsteine.

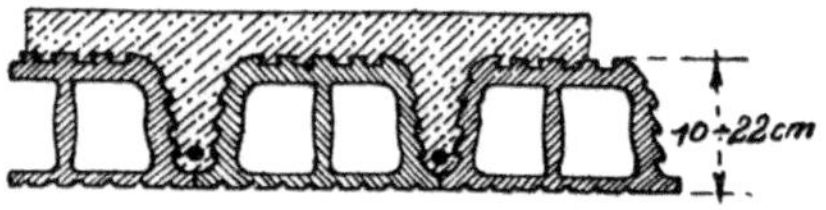

Eine Ausführung in Hohlsteinen ist in Abb. 186 dargestellt.

C. Rippendecken oder Plattenbalkendecken aus Eisenbeton. Plattenbalkendecken sind die im Deckenbau am häufigsten vorkommenden Ausführungsarten. Ihre Herstellung erfolgt auf Schalung (Abb. 187). Der Nachteil dieser Decken besteht nur in der Hellhörigkeit. Man hat deshalb bei Wohnhausdecken das kastenartige Feld mit leichten Steinen oder, wie es die Firma Wayß & Freytag vorschlägt, mit Holzrahmen, die mit Rohr übernagelt sind, ausgefüllt (*Wayß*sche *Rohrzellendecke* Abb. 188).

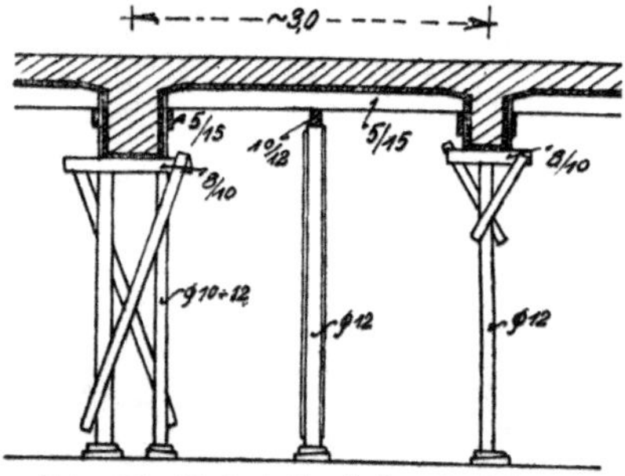

Abb. 187. Plattenbalkendecke mit Schalung.

Außerdem werden von diesen Decken eine große Anzahl Spezialkonstruktionen ausgeführt, welche jedoch grundsätzlich wenig Neues bieten und sich nur durch die Art der Herstellung oder durch besondere Einzelheiten unterscheiden.

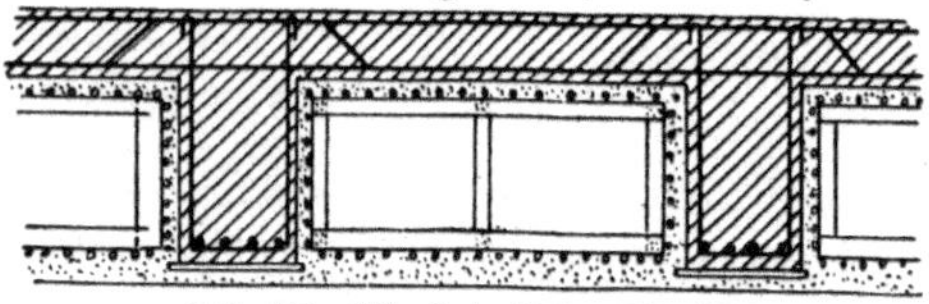

Abb. 188. Wayßsche Rohrzellendecke.

22. Dächer und Hallenbauten.

Die Vorteile des Eisenbetonbaues bei Verwendung zu Dachkonstruktionen oder Hallenbauten sind: günstige Ausnutzung der Dachräume durch rahmenartige Ausbildung der Konstruktionen, große Feuersicherheit, lange Lebensdauer der Bauten und geringe Kosten der Unterhaltung.

Um ein geringes Eigengewicht zu erzielen, wird die Dachplatte möglichst dünn gehalten, 4—10 cm stark (vgl. § 16, Nr. 12 der „Best."). Vielfach verwendet man außerdem besonders leichtes Material, wie Bimsbeton, Schlackenbeton usw. In neuerer Zeit hat auch die *Torkret-Spritzbeton-Bauweise* hier Eingang gefunden: Auf der Schalung wird ein engmaschiges dünnes Drahtnetz verspannt, an dem die 5—6 mm starken Rundeisen befestigt sind, und nun wird unter Druck der durch eine Schlauchleitung herangeförderte Beton aufgespritzt, wodurch man eine nur 3—4 cm starke Dachhaut erhält, die genügend widerstandsfähig ist.

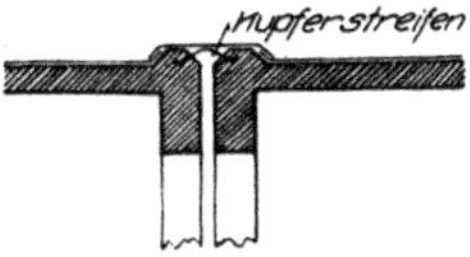

Abb. 189. Bewegungsfuge.

Besondere Beachtung verdient bei Dachbauten die Behandlung der Außenfläche, die den Einflüssen der Witterung in erhöhtem Maße ausgesetzt ist. Man schützt sie durch isolierende Decklagen aus *Ruberoid* oder *Dachpappe* in einfacher oder doppelter Lage, aus Korkstein- oder Asbestplatten, aus Asphaltfilzplatten und ähnlichem Material; man verwendet auch isolierende Schichten aus Kiesschüttung bei Holzzementdächern oder gewöhnliche Schiefer- oder Ziegeldächer auf Holzschalung. Um die Wärme und Kälte vom Innern der Räume fernzuhalten, verwendet man vielfach auf der Innenseite der Dachkonstruktionen *Rabitzdecken*, die durch Aufhängedrähte an die Dachplatte oder die Pfetten angehängt werden. Die dadurch geschaffenen ruhenden Luftschichten halten Wärme und Kälte in wirksamer Weise ab.

Man kann die Dachkonstruktionen in *Flachdächer, Wölbdächer* und in *Rahmendächer* einteilen.

A. Flachdächer. Sie werden bei Bahnhofs- und bei Bahnsteighallen vielfach verwendet (Abb. 190)

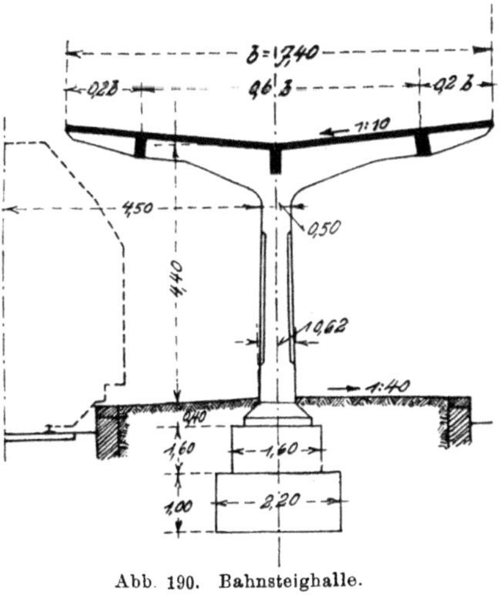

Abb. 190. Bahnsteighalle.

und sind dort am Platze, wo mit einer Änderung des Betriebes in absehbarer Zeit nicht zu rechnen ist. Wegen der Schwierigkeiten des Abbruches und der Wiederverwendung von Eisenbetonhallen kommen dagegen dort, wo Änderungen der Betriebsanlagen in Aussicht stehen, besser Holz- oder Eisenkonstruktionen in Frage.

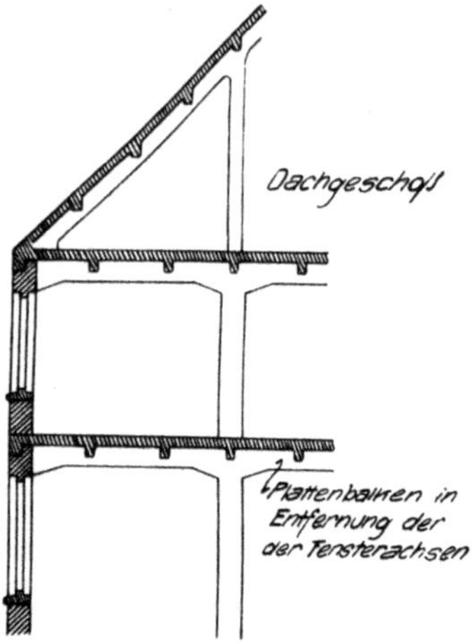

Abb. 191.
Querschnitt durch ein Geschäftshaus.

B. Dächer mit Zuggurten. Bei größeren Spannweiten und gewölbten oder gebrochenen Dachoberflächen entsteht ein beträchtlicher Horizontalschub, den man von den Umfassungswänden fernhalten muß. Man wird daher den Horizontalschub durch Zuggurte aufnehmen. Diese werden meist in Eisen hergestellt und mitunter zum Schutz gegen Rostgefahr mit Beton ummantelt. Um Risse in der umhüllenden Betonschicht zu vermeiden, wird man diese erst nach Aufbringung des Daches und erfolgter elastischer Formänderung des Zuggurtes unter der Wirkung der Eigenlast anbringen.

Um den Dachraum von Einbauten möglichst freizuhalten, legt man das Zugband oft in die Deckenkonstruktion, wo es gleichzeitig als Deckenträger dient (Abb. 191).

In der Abb. 192 ist der Querschnitt eines größeren Mansardendaches in Eisenbeton - Konstruktion dargestellt. Die Vorteile der Bauweise bestehen in weiträumigen, durch Zwischenkonstruktionen wenig unterbrochenen Dachböden und in einer wirksamen Verankerung des Daches mit den übrigen Teilen des Bauwerkes.

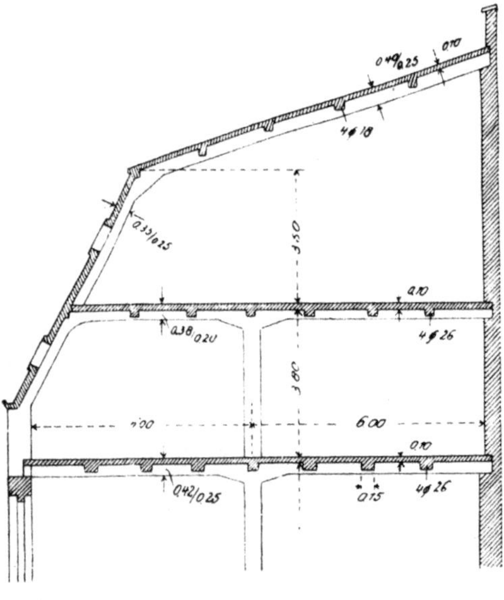

Abb. 192. Querschnitt durch ein Mansardendach.

Die Abb. 193 stellt einen einstöckigen

Fabrikbau mit sägedachartigen Oberlichten dar. Der Abstand der Säulen beträgt 5—7 m, auf den Säulen liegen die Unterzüge aus Eisenbeton, darauf liegen in Abständen von 1,5—3 m Balken, welche

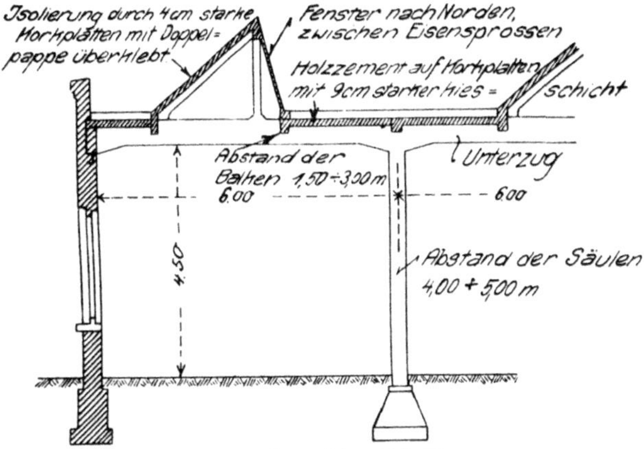

Abb. 193. Einstöckiger Fabrikbau.

die Dachhaut tragen. Die Dachisolierung ist durch 4 cm starke Korkplatten erfolgt, auf welche bei horizontalen Dachflächen Holzzement zur Ausführung gebracht werden kann. Die schrägen Flächen der Oberlichter sind mit doppelter Lage Pappe überklebt; in den steilen nach Norden gelegenen Flächen sind Fenster in der üblichen Weise zwischen Sprossen eingesetzt.

Auch bei eisernen oder hölzernen Dachbindern lassen sich zur Abdeckung Platten aus Eisenbeton verwenden. Entweder wird man die Pfetten aus Eisen herstellen und nur die Dachhaut aus Bimsbeton (Abb. 194), oder man führt auch die Pfetten als Eisenbetonträger aus, an die sich direkt die Dachhaut anschließt. Wegen einer guten Versteifung der Obergurte der Binder ist auf festen Anschluß der Pfetten am Binder besonderer Wert zu legen. In diesem Falle läßt sich der Windverband der Binder ersparen, da die steife Dachhaut in der Lage ist, die Windkräfte auf die Giebelwände oder besondere Aussteifungswände des Bauwerkes zu übertragen.

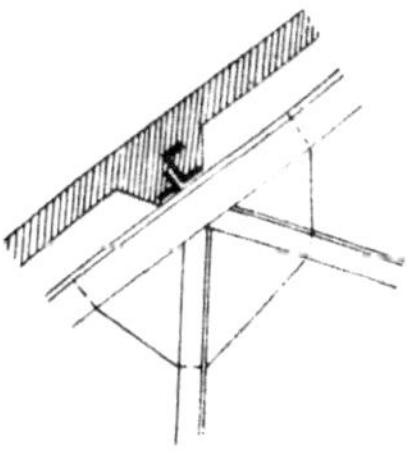

Abb. 194. E. B. Dachhaut mit eisernen Bindern.

a) Bogendächer. Bogendächer werden entweder als glatte Bogendächer ausgeführt, bei denen die Dachhaut gewölbeartig in ungefähr gleichmäßiger Stärke durchgeführt wird, oder es werden bogenförmige Hauptbinder angeordnet, zwischen die sich die Dachhaut spannt (Abb. 197).

Der Horizontalschub wird durch besondere Anker aufgenommen, welche bei kleineren Dächern in Entfernungen von $1\frac{1}{2}$ bis $2\frac{1}{2}$ m liegen. Bei größeren Dächern wird man meistens Rippenbogendächer wählen und die Anker in die Ebenen der Hauptbinder legen. Zwischen den Rippen wird die Dachhaut entweder als glatte Dachhaut oder mit Pfetten und darauf liegenden Platten ausgeführt. Zur Verminderung des Gewichtes wird die Dachhaut vielfach aus Bimsbeton hergestellt. Die Dachabdeckung erfolgt bei Bogendächern meist durch Dachpappe. Es steht natürlich nichts im Wege, auch Kupfer- oder Zinkblechabdeckung zu verwenden.

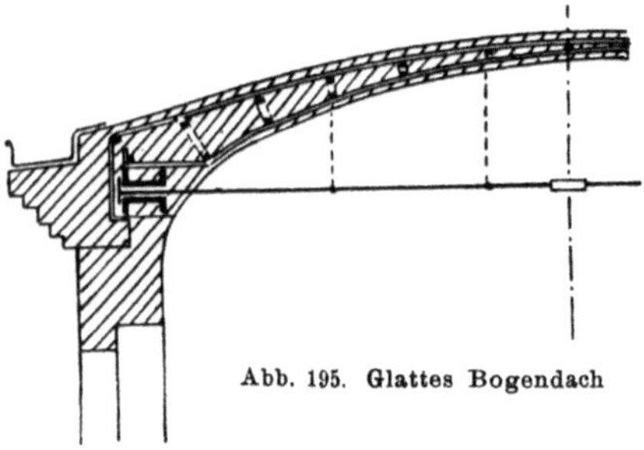

Abb. 195. Glattes Bogendach

Bei dem glatten Bogendach (Abb. 195) wird die Stärke der Betondecke vom Scheitel nach dem Kämpfer etwas zunehmen. Zwischen

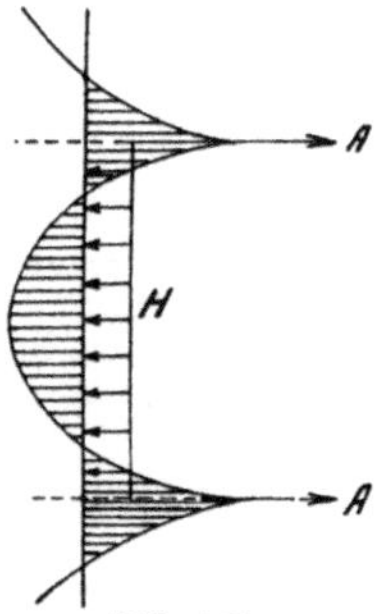

Abb 196. Beanspruchung der verbindenden Ankereisen.

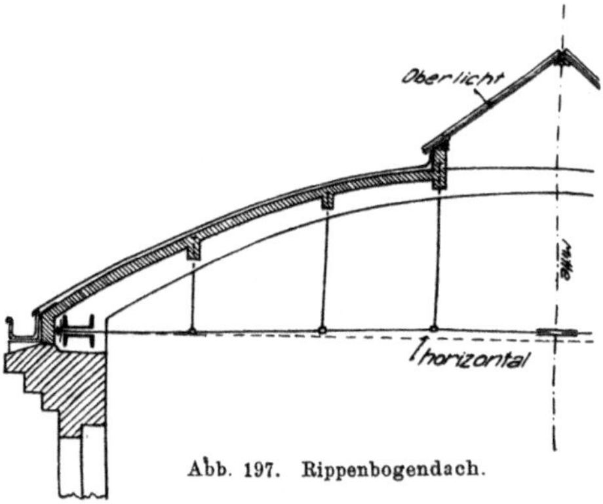

Abb. 197. Rippenbogendach.

den Ankereisen muß im Kämpfer eine verbindende Konstruktion liegen, die den Horizontalschub auf die Ankereisen überträgt. Die verbindenden Ankereisen werden als kontinuierliche Träger berechnet (Abb. 196). Die Ankerstangen werden als Rundeisen oder auch Profileisen ausgeführt und für die Zwecke der Aufstellung ungefähr in der Mitte mit Spannschlössern versehen. In Entfernungen von $2\frac{1}{2}$—3 m werden dieselben zur Aufnahme der Eigengewichtskräfte mit

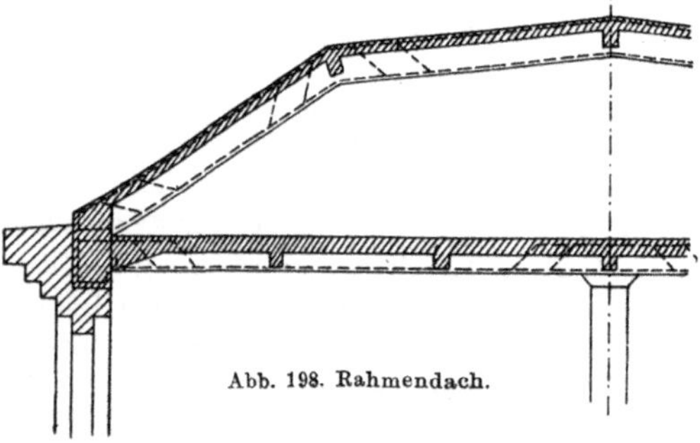

Abb. 198. Rahmendach.

Hängeeisen aufgehängt. Um ein Durchhängen zu vermeiden, gibt man den Zugstangen eine Überhöhung von $\frac{1}{100}$ bis $\frac{2}{100}$ der Spannweite, jedoch darf auch eine größere Überhöhung gewählt werden, ohne daß hieraus Nachteile für die Konstruktion erwüchsen (Abb. 197). Die Binder- oder Rippenentfernung größerer Bogendächer richtet sich nach der Raumeinteilung und insbesondere nach den Fensterachsen; sie beträgt meist 4—6 m. Rippenbogendächer führt man im Hochbau auch vielfach derart aus, daß man polygonale Rippen statt der bogenförmigen Rippen verwendet (Abb. 198). Damit ist der Übergang zu den rahmenartigen Konstruktionen gegeben.

Die folgende Tabelle gibt einen Anhalt über die Armierung und die Abmessungen flacher Bogendächer:

Tabelle für flache Bogendächer.

l = Spannweite in m		10	15	20	25
f = Pfeilhöhe in m		2	2,5	3,0	3,5
Stärke in cm	Kämpfer	12	14	16	18
	Viertel	10	11	13	15
	Scheitel	8	9	11	12
Eiseneinl. auf Ober- und Unterseite je	Kämpfer	8 R. E. ø 9	8 R. E. ø 10	8×11	8×12
	Viertel	4×9+4×8	4×10+4×8	4×11+4×9	4×12+4×10
	Scheitel	8×8	8×8	8×9	8×10
Zuggurt in cm² auf 1 m		2,6	5,0	8,0	11,8

b) *Rahmenbinder.* Bei Hallenbauten — Werkstattgebäuden, Ausstellungs- oder Bahnsteighallen und dgl. — verwendet man vielfach den Eisenbeton in der Form von *Rahmenbindern*, die in 4—6 m und mehr Abstand stehen. Zur Herstellung der Dachhaut und zur Längsversteifung ordnet man Pfetten aus Plattenbalken an, auf die sich die Dachplatten in Eisenbeton stützen. Die Entfernung der Rippen wird man $1\frac{1}{2}$—$2\frac{1}{2}$ m wählen.

Die Abb. 199 zeigt einen Querschnitt durch einen Lokomotiv- und Wagenschuppen. Die Halle

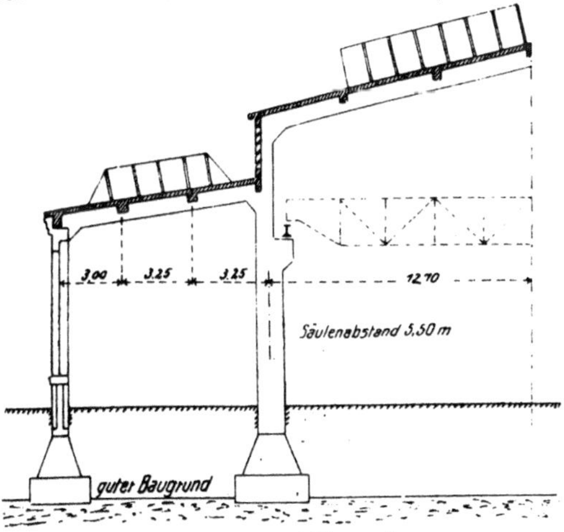

Abb. 199. Lokomotiv- und Wagenschuppen.

ist dreischiffig und hat eine Länge von 88 m. Die Mittelhalle ist höher gezogen, so daß seitlich Beleuchtung und Entlüftung stattfinden kann. Die Binder sind als Rahmenbinder zur Ausführung gekommen. Zu weiterer Beleuchtung der Hallen dienen quer zur Hallenachse aufgesetzte Oberlichte mit Verglasung. Außerdem werden Seitenfenster angebracht. Wegen der ungünstigen Bodenverhältnisse sind die Binderfüße bis auf den guten Baugrund hinabgeführt und plattenförmig verbreitert.

Als weiteres Beispiel diene eine zweistielige Bahnsteighalle, wie sie von der Firma Dyckerhoff & Widmann in Nürnberg gebaut worden ist (Abb. 200). Die Hauptkonstruktionen sind die Binder in

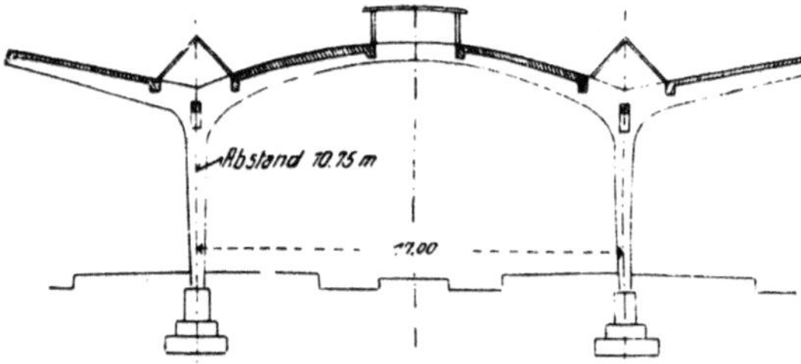

Abb. 200. Bahnsteig-Bogenbinder.

10,75 m Entfernung, welche als Zweigelenkbinder mit Auslegerenden ausgeführt sind. Die Oberlichter über den Stützen dienen zur Beleuchtung der Personenbahnsteige, die Oberlichter in Bindermitte für die Gepäckbahnsteige.

C. Fachwerkträger aus Eisenbeton. Man hat versucht, auch Fachwerkträger in Eisenbeton auszubilden. Diese Konstruktionen haben sich im allgemeinen nicht bewährt, weil in den Druckstäben das Eisen schlecht ausgenutzt wird und alle Zugstäbe ebenso stark konstruiert werden müssen, wie bei dem reinen Eisenbau und außerdem die Verbindung der Eisenbetonstäbe in den einzelnen Knotenpunkten große Schwierigkeiten verursacht. Infolge der starren Verbindungen in den Knotenpunkten und der verhältnismäßig großen Abmessungen der Stäbe entstehen größere Nebenspannungen als bei Eisenkonstruktionen. Die großen Gewichte bedingen Mehraufwendungen im Mauerwerk und den Fundamenten. Daher wird man selten wirtschaftlich verfahren, wenn man reine Fachwerkträger in Eisenbeton herstellt. Besser als Fachwerkträger eignen sich für die gleichen Zwecke die Rahmenkonstruktionen, die nicht rein auf Druck und Zug beansprucht werden, sondern deren Teile auf Biegung beanspruchte Glieder enthalten. In diesen Bauformen lassen sich die wertvollen Eigenschaften des Eisenbetons am besten ausnutzen.

D. Ausdehnungsfugen. Bei langen oder sehr breiten Hallenbauten wird man mit Rücksicht auf das Schwinden des Betons und die Ausdehnung der Konstruktion durch Temperatureinflüsse in gewissen Entfernungen Ausdehnungsfugen anordnen müssen. Die praktische Erfahrung hat gezeigt, daß man derartige Ausdehnungsfugen in Entfernungen von 20—40 m anlegen muß, wenn man störende und schädliche Risse der zusammenhängenden Konstruktionsteile vermeiden will.

Die Ausdehnungsfugen können dadurch geschaffen werden, daß man zwischen zwei Bindern längsbewegliche Pfetten oder Platten einschaltet, oder daß man zwei halbe Binder mit einem entsprechenden Zwischenraum von einigen Zentimetern nebeneinanderstellt (Abb. 189). Die verbleibende Fuge in der Dachfläche muß sorgfältig verdeckt werden, so daß eine Bewegung möglich bleibt, ohne daß Nässe in das Innere der Halle gelangt.

23. Brückenbauten in Eisenbeton.

Zunächst waren es nur Straßenbrücken, die man in Eisenbeton ausführte; man fürchtete die Erschütterungen und die schädlichen Einwirkungen der Rauchgase bei Eisenbahnbrücken. Man verlangte daher bei Eisenbahnbrücken, daß der Nachweis erbracht würde, daß der Beton auf der Zugseite rißfrei bliebe. Dadurch wurden aber sehr schwere und unwirtschaftliche Konstruktionen erforderlich. Infolge der günstigen Erfahrungen, die man jedoch auch im Bau von Eisenbahnbrücken erzielt hat, ist man seit einigen Jahren in dieser Hinsicht weitherziger geworden Die Bestimmungen vom 31. 1. 1916 (§ 17, Nr. 5) fordern, daß bei Brücken, die von Hauptbahnlokomotiven befahren werden, die Eisenspannung $\sigma_e \leqq 750$ kg/cm² und die Betonzugspannung $\sigma_b \leqq 24$ kg/cm² sein soll. Für andere Eisenbahnbrücken gelten diese einschränkenden Bestimmungen nicht mehr.

Plattenbalkenbrücken kommen bei Spannweiten bis etwa 25 m zur Ausführung. Bei größeren Spannweiten kommen Bogenbrücken in erster Linie in Betracht. Diese verwendet man bei Spannweiten von 20 bis 100 m; neuerdings sind noch größere Spannweiten geplant und ausgeführt worden. Bei mittleren Spannweiten finden *Rahmenkonstruktionen* für Überführungen aller Art Verwendung, indem man die Stützen zusammen mit der Tragkonstruktion und Fahrbahntafel als einheitliches Bausystem ausführt. Selten dagegen hat der Eisenbeton im Fachwerkbrückenbau Anwendung gefunden, wofür er sich seiner ganzen Wirkungsweise nach weniger eignet. Mit Rücksicht auf das Schwinden des Betons und die Temperatureinflüsse wird man bei größeren Brückenkonstruktionen sowohl in der Länge wie in der Breite *Dehnungsfugen* anordnen. Diese liegen meist in 30 bis 40 m Entfernung.

Kleinere Brücken, bis etwa 10 m Spannweite, kann man als *Plattenbrücken* ausführen und deren Tragkonstruktion mit den Widerlagern fest verbinden. In diesem Falle erhält man in Wirklichkeit rahmenartige Gebilde, die entsprechend berechnet werden können.

Bei größeren Spannweiten als 10 m wird man bei Betonbrücken besondere Lager anordnen (Gleit- oder Rollenlager). Die Lagerkörper werden in Eisen, aber auch in Eisenbeton konstruiert. Bei Spannweiten über 20 m ist der *Ausbildung der Stöße* der Eiseneinlagen besondere Beachtung zuzuwenden. Die Stoßbildung, die sich am besten bewährt hat, ist diejenige mit übergreifenden Haken (Abb. 201). Schweißungen sind nicht zuverlässig genug, Spannschlösser erschweren die Verlegung der Eisen und sind teuer. *Die Entwässerung* bei Eisenbetonbrücken erfolgt in der gleichen Weise wie bei Massivbrücken in Stein oder Beton. Auf die Oberfläche des Betons bringt man wasserdichte Lagen auf und zwar in der Weise, daß man zunächst die Oberfläche durch eine Ausgleichschicht glättet, darauf die Pappe verlegt und diese gegen Beschädigungen durch Steinplatten oder dünne Eisenbetonplatten schützt.

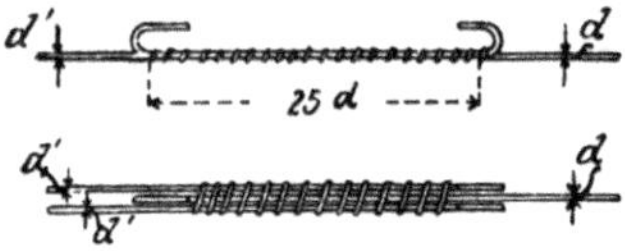

Abb. 201. Stoßverbindung.

Einige Beispiele mögen diese allgemeinen Ausführungen erläutern.

A. Plattenbrücken. Der in Abb. 202 dargestellte Durchlaß unter einer Bahn besteht aus gemauerten Widerlagern, auf die die Eisenbetonplatte lose aufgelegt ist. Mit Rücksicht auf den Verlauf der Momente und die Entwässerung ist die Platte in der Mitte stärker als an den Enden. Der in Abb. 203 dargestellte Querschnitt eines städtischen Entwässerungskanales ist nahezu quadratisch als geschlossener Rahmen ausgebildet. Mit Rücksicht auf den schlechten Baugrund ist die Fundierung auf Pfählen erfolgt, deren Köpfe durch eine Betonplatte zusammengefaßt werden.

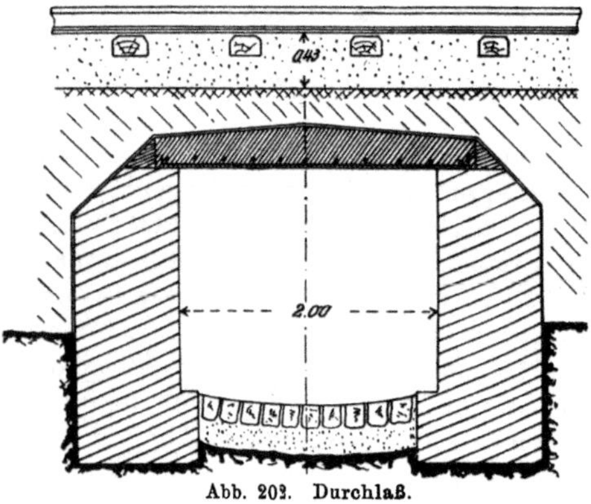

Abb. 202. Durchlaß.

Sehr geeignet ist der Eisenbeton für die Verbreiterung älterer Massivbrücken. In dem Beispiel Abb. 204 hat man die Brücke um 1,95 m verbreitert. Die Gewölbe und Pfeiler waren stark genug, um auch die erhöhte Belastung zu tragen. Besondere Aufmerksamkeit verlangt die Verbreiterung am Scheitel bei geringer Konstruktionshöhe, da die Verankerung des Konsols Schwierigkeiten verursacht.

B. Balkenbrücken. Bei Spannweiten, die größer als 5 m sind, kommt bereits die Plattenbalkenbrücke an Stelle der Plattenbrücke zur Ausführung. Bei den einfachen Plattenbalkenbrücken wählt man als Abstand der Rippen 1—1,5 m. Der Rippenabstand soll mit Rücksicht auf die Stärke der Deckenplatte nicht zu groß

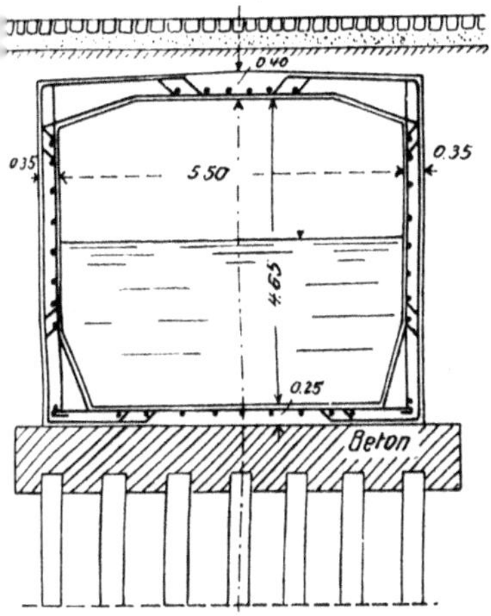

Abb. 203. Entwässerungskanal.

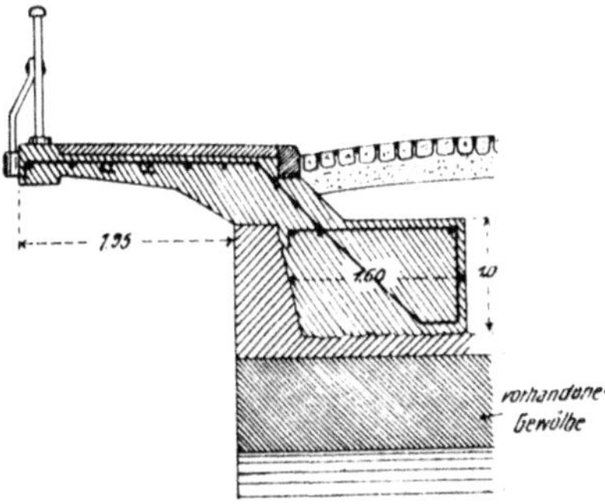

Abb. 204. Verbreiterung einer Massivbrücke.

sein, weil diese das Eigengewicht stark vergrößert. Die Deckenplatten werden 10—20 cm stark gemacht und als durchlaufende Platten berechnet und konstruiert. Mit Rücksicht auf Einzellasten, namentlich bei Straßenbrücken, verwendet man eine reichliche Querarmierung zur Lastverteilung. Ein weiteres sehr wirksames Mittel für die Verteilung von Einzellasten auf mehrere Rippen ist die Anbringung einzelner Querrippen (Traversen) zwischen den Hauptträgern. Diese Querrippen ordnet man in Entfernungen von 2—3 m an. Als größte Spannweite für Plattenbalkenbrücken dürften etwa 30 m in Betracht kommen. Bei größeren Spannweiten verwendet man durchlaufende Träger (Gerberträger) oder Bogenbrücken.

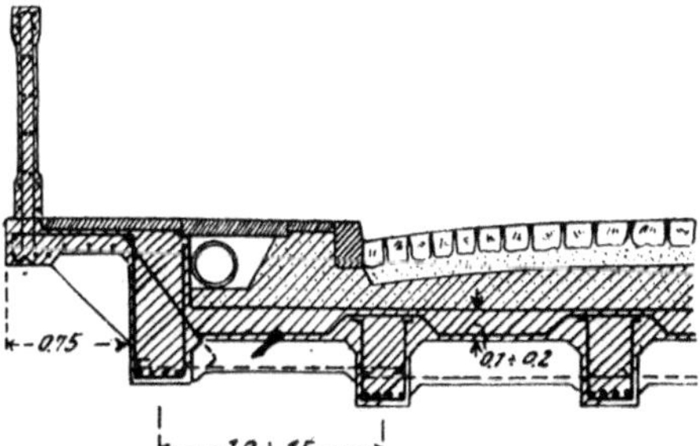

Abb. 205. Plattenbalken-Straßenbrücke.

Die Abb. 205 zeigt eine Eisenbeton-Straßenbrücke in Plattenbalkenausführung mit Geländer ebenfalls in Eisenbeton; die Fußsteige sind 0,75 m ausgekragt, einzelne Querrippen dienen der Lastverteilung. Hohlräume unter den Fußsteigen sind zur Unterbringung der Versorgungsleitungen in der Regel zweckmäßig. Dabei ist darauf zu achten, daß die Bordschwelle auch gegen seitliche Stoßkräfte der

Fuhrwerke genügend festgelegt wird. Die wasserdichte Haut ist bis in die Geländerwand hochzuführen. Über derselben befindet sich eine dünne Lage Ausgleich- oder Schutzbeton. Mitunter werden derartige Balkenbrücken auch mit zwei Hauptträgern als Trogbrücken ausgeführt. (Abb. 206.) Der obere Teil des Hauptträgers bildet dabei gleichzeitig das Geländer. Diese Anordnung ist dort zweckmäßig, wo nur eine geringe Konstruktionshöhe zur Verfügung steht. Ein weiteres Mittel, die Konstruktionshöhe zu vermindern, besteht bei Brücken mit mehreren Öffnungen darin, daß man Gerbersche Gelenkträger oder Balken mit auskragenden Enden ausführt. Ein interessantes Beispiel der letzten Art ist in Abb. 207 dargestellt:

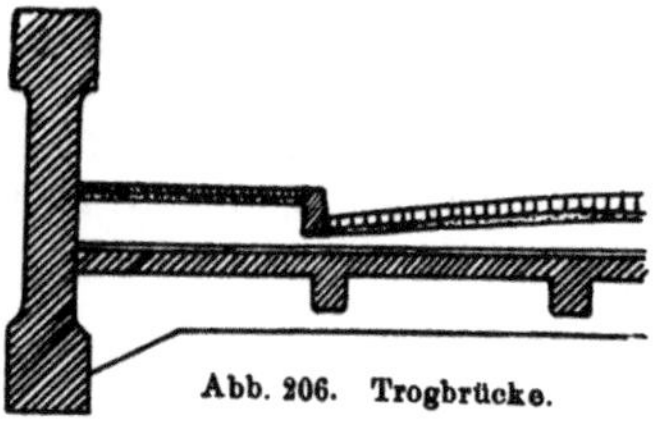

Abb. 206. Trogbrücke.

An zwei gleich große Mittelöffnungen schließen sich zwei kleinere Seitenöffnungen an. Um die Konstruktionshöhe der Mittelöffnung zu

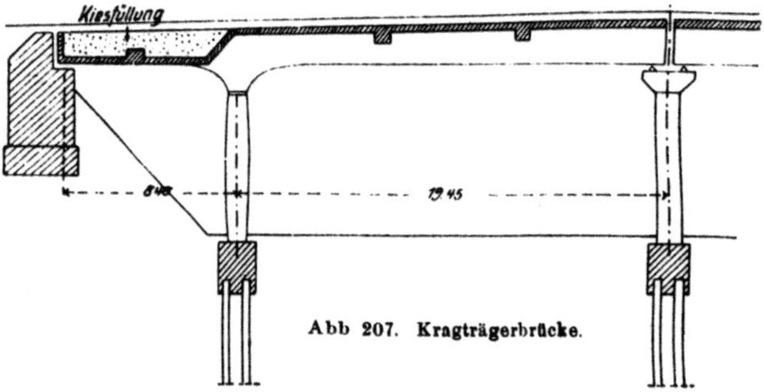

Abb 207. Kragträgerbrücke.

verringern, ist die Platte in der Seitenöffnung nach unten geführt und mit Kies belastet. Auf der Mittelsäule sind zwei Auflager für die rechte und für die linke Hälfte angeordnet. Wegen des schlechten Baugrundes und etwaiger Stützensenkungen wollte man eine kontinuierliche Wirkung vermeiden.

C. Bogenbrücken. An sich liegt zur Armierung von Bogenbrücken mit zweckmäßiger Form und Abmessung des Bogens eine Veranlassung nicht vor. In vielen Fällen wird es möglich sein, die Bogenbrücken derart zu entwerfen, daß nur Druckspannungen in den Bogenquerschnitten auftreten. Wenn man trotzdem vielfach Bogenbrücken mit Eisenarmierung findet, so ist die Begründung dafür darin zu suchen, daß die Bogenform oft mit Rücksicht auf das Verkehrsinteresse oder aus schönheitlichen Gründen nicht der Stützlinie entsprechend ge-

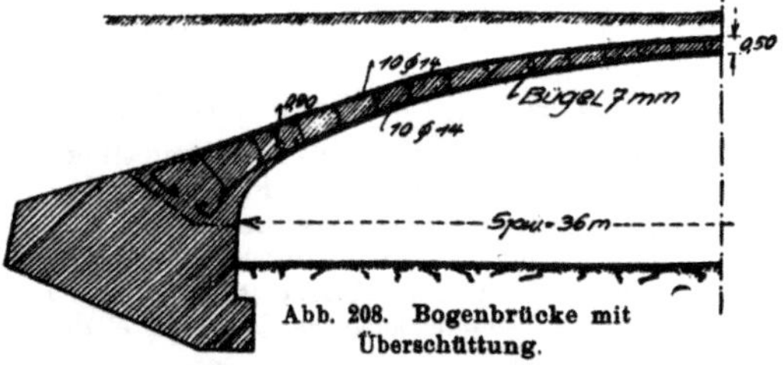

Abb. 208. Bogenbrücke mit Überschüttung.

wählt werden kann und sonach größere Biegungsmomente auftreten. In anderen Fällen wird man die Bogenabmessungen mit Rücksicht auf die Belastung des Lehrgerüstes oder des Baugrundes kleiner wählen, als den nur auf Druck beanspruchten Bogenformen entspricht. Mitunter werden es Rücksichten auf die Untergrundverhältnisse sein, namentlich wenn ein Nachgeben oder Ausweichen der Widerlager nicht ausgeschlossen ist, die eine Armierung des Bogens als zweckmäßig oder notwendig erscheinen lassen. Bei sehr flachen Bogen werden durch die Temperaturwirkungen Biegungsmomente hervorgerufen, die ungewöhnliche Abmessungen der Bogenabschnitte bedingen würden, wenn man nicht durch Eiseneinlagen in der Lage wäre, diese Spannungen aufzunehmen. Es würde zu weit führen, die verschiedenen konstruktiven Formen der Bogenbrücken zu besprechen oder auf Einzelheiten einzugehen. Die Abb. 208 u. 209 zeigen zwei typische Beispiele.

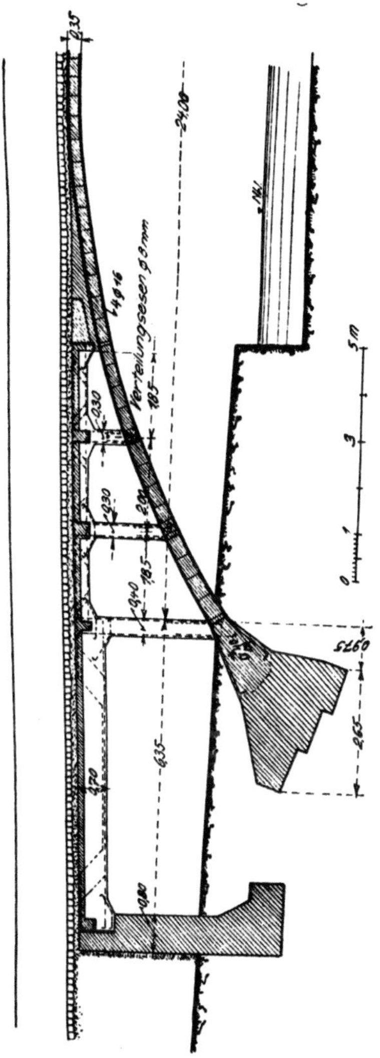

Abb. 209. Bogenbrücke mit aufgelöster Fahrbahn.

Schlußbemerkung. Die Anwendungsgebiete des Eisenbetonbaues sind so außerordentlich mannigfaltig, daß es unmöglich ist, sie im Rahmen eines kleinen Leitfadens vollständig und eingehend zu behandeln. Es möge nur auf die überaus zahlreichen Anwendungen im Industriebau hingewiesen werden, auf die Ausführung von Behältern aller Art für feste und für flüssige Körper, auf die Herstellung hoher Schornsteine und Leitungsmaste, ferner auf die vielfachen Anwendungsformen bei Herstellung von Röhren, Transportgeräten, Eisenbahnschwellen, Einzäunungen und dergleichen mehr. Die Konstruktionsgrundlagen für alle diese Anwendungsformen sind, soweit notwendig, in den einzelnen Abschnitten dieses Leitfadens behandelt. Es dürfte hiernach keine Schwierigkeiten bieten, derartige Bauten mit Hilfe der mitgeteilten Grundformen und Berechnungsgrundlagen zu beurteilen und zweckentsprechend auszuführen. Wegen der Einzelheiten in Ausführung und Berechnung muß auf die nachstehend angegebenen Werke über den Eisenbetonbau und auf die bekannten Zeitschriften verwiesen werden.

Einige Vorschriften für die Ausführung von Eisenbetonbauten in Deutschland.

Es ist naturgemäß, daß mit der weit verbreiteten Anwendung des Eisenbetonbaues die Aufstellung von Bestimmungen Hand in Hand gehen mußte, welche einerseits Regeln für die Berechnung der Bauten und die zulässigen Spannungen enthielten, andererseits eine sachgemäße Ausführung und Überwachung der Bauten sicherstellten.

Als wichtigere Bestimmungen und Vorschriften sind zu nennen:

a) Bestimmungen für Ausführungen von Bauwerken aus Eisenbeton vom 13. Januar 1916.

b) Bestimmungen für Ausführung von Bauwerken aus Beton vom Jahre 1915.

c) Bestimmungen für Druckversuche an Würfeln bei der Ausführung von Bauten aus Stampfbeton.

d) Bedingungen für Beton- und Eisenbetonarbeiten, aufgestellt und herausgegeben 1916 vom Deutschen Beton-Verein in Gemeinschaft mit dem Betonarbeitgeber-Verband für Deutschland.

e) Deutsche Normen für die einheitliche Lieferung und Prüfung von Portlandzement (vom Dezember 1909), Eisenportlandzement (vom Dezember 1909), Hochofenzement (vom Dezember 1917).

f) Grundsätze für die Prüfung von Traß vom 27. Januar 1922.

Für die Belastungen sind maßgebend:

a) Die Bestimmung über die bei Hochbauten anzunehmenden Belastungen vom 24. Dezember 1919.

b) Vorschriften für das Entwerfen der Brücken mit eisernem Überbau vom $\frac{\text{1. Mai 1903}}{\text{31. Dez. 1910}}$.

c) Vorschriften für Eisenbauwerke der Deutschen Reichsbahn (Vorläufige Fassung) vom Jahre 1922.

Verzeichnis der wichtigeren Werke über den Eisenbetonbau.

1. Emperger, Handbuch für Eisenbetonbau. 3. Aufl. Berlin 1921. W. Ernst & Sohn. — 2. Mörsch, Der Eisenbetonbau, seine Theorie und Anwendung. 5. Aufl. Stuttgart 1920 u. 1922, Wittwer. — 3. Förster, Grundzüge des Eisenbetonbaues. 2. Aufl. Berlin 1921. J. Springer. — 4. Probst, Vorlesungen über Eisenbetonbau. Berlin 1917 u. 1922. J. Springer. — 5. Hager, Theorie des Eisenbetons. München u. Berlin 1916. Oldenbourg. — 6 Saliger, Der Eisenbeton, seine Berechnung und Gestaltung. 4. Aufl. Stuttgart 1920. A. Kröner. — 7. Boost H., Der Beton- und Eisenbetonbau Darmstadt 1920. Sadowsky. — 8. Kersten, Der Eisenbetonbau. 11. Aufl. Berlin 1920. W. Ernst & Sohn.

Zeitschriften: 1. *Beton und Eisen,* Verlag Wilh. Ernst & Sohn in Berlin. 2. *Mitteilungen über Zement, Beton- und Eisenbeton,* Beilage der Deutschen Bauzeitung. 3. *Der Bauingenieur,* Zeitschrift für das gesamte Bauwesen, Verlag von Julius Springer in Berlin.

Grundzüge des Eisenhochbaues (Eisenkonstruktion). Kurz gefaßtes Lehr- und Nachschlagebuch für in der Praxis stehende Techniker und angehend Ingenieure, in zwei Teilen. Von Dipl.-Ing. Prof. A. Göbel. 4. umg. u. verm Aufl. von Dipl.-Ing. O. Henkel. Geb. M. 2.90

Baustoffkunde. Ein Handbuch für die Baupraxis. Von Geh. Reg.- und Gewerbeschulrat K. Jessen und Prof. M. Girndt. 5. Aufl. Mit 122 Abb. im Text und auf 1 Tafel. Geb. M. 2.10

Die Konstruktion von Hochbauten. Ein Handbuch für den Baufachmann Von Architekt O. Frick und Prof. K. Knöll. 2 Teile in einem Bande. 3. Aufl Mit 526 Fig. im Text. Geb. M. 4.80

Das Veranschlagen von Hochbauten. Handbuch für die Baupraxis Von Architekt G. Blume. 2. Aufl. [In Vorb. 1923.]

Mathematische und technische Tafeln für den Gebrauch an bautechnischen Fachschulen und in der Baupraxis. Bearbeitet von Prof. M. Girndt, Ing A. Liebmann u. Dr.-Ing. Nitzsche. 2., neubearb. Aufl. Mit 90 Abb. Geb. M. 2

Der Umbau. Eine Anleitung zu Umbauten und Wiederherstellungen Gebäuden aller Art. Von Prof. Architekt M. Gebhardt. Mit 38 Abb. Text. Kart. M. 1.20

Bürgerliche Baukunde und Baupolizei. Leitfaden für die Hand des Bautechnikers. Von Dir. Architekt C. Busse. Mit 217 Abb. im Text. Geh. M. 1.70

Der Brückenbau. Ein Nachschlagebuch für die Praxis und Leitfaden für den technischen Unterricht. Von Gewerbeschulrat Reg.-Baumeister Baugewerkschuldirektor A. Schau. Mit 728 Abb. und 6 Tafeln. Geb. M. 7.10

Die Fördermittel. Einrichtungen zum Fördern von Massengütern und Einzellasten in industriellen Betrieben. Von Oberingenieur O. Bechstein. Mit 68 Abb. i. Text. (ANuG. Bd. 726.) Kart. M. 1.30, geb. M. 1.60

Maschinenbau. Von Ing. O. Stolzenberg, Dir. d. Gewerbeschule u. d. gewerbl. Fach- und Fortbildungssch. z. Charlottenburg. Bd. I: Werkstoffe des Maschinenbaues u. ihre Bearbeitung a. warm. Wege. Mit 255 Abb. Kart. M. 3.40. Bd. II: Arbeitsverfahren. Mit 750 Abb. Kart. M. 6.— Bd. III. Methodik der Fachkunde u. Fachrechnen. Mit 30 Abb. Kart. M. 1.90

Zeitgemäße Betriebswirtschaft. Von Direktor Dr.-Ing. G. Peiseler. I. Teil: Grundlagen. Geh. M. 2.60, geb. M. 3.60

Arbeitskunde. Grundlagen, Bedingungen und Ziele der wirtschaftlichen Arbeit. Unter Mitwirkung zahlreicher Fachleute herausgegeben von Dr.-Ing Joh. Riedel. [Erscheint September 1923.]

Teubners Handbuch der Staats- und Wirtschaftskunde. Abt. Staatskunde. ca. M. 10.—: 2 Bände in 13 Teilen. Abt. II: Wirtschaftskunde. ca. M. 13.—: 2 Bände in 19 Teilen. [Erscheint im Laufe des Jahres 1923.]
Jeder Teilband ist auch einzeln käuflich. Bestellungen auf Lieferung zur Fortsetzung werden von den Buchhandlungen entgegengenommen.

Kapitalismus und Sozialismus. Betracht. über die Grundlagen der gegenw. Wirtschaftsordnung sowie die Voraussetzungen und Folgen des Sozialismus. Von Geh. Reg.-Rat Prof. Dr. L. Pohle. 3. Aufl. Geh. M. 1.75, geb. M. 2.50

Verlag von B. G. Teubner in Leipzig und Berlin

Anfragen ist Rückporto beizufügen

TEUBNERS TECHNISCHE LEITFÄDEN

Erdbau, Stollen- und Tunnelbau. Von Dipl.-Ing. A. Birk, Prof. a. d. Techn. Hochschule zu Prag. Mit 110 Abb. [V u. 117 S.] 1920. Kart. M. 1.60. (Bd. 7.)

Landstraßenbau einschließlich Trassieren. Von Oberbaurat W. Euting, Stuttgart. Mit 54 Abb. i. Text u. a. 2 Taf. [IV u. 100 S.] 1920. Kart. M. 1.40. (Bd. 9.)

Dampfturbinen und Turbokompressoren. Von Dr.-Ing. H. Baer, Professor an der Technischen Hochschule in Breslau. (Bd. 20.)

Eisenbetonbau. Von H. Kayser, Professor an der Technischen Hochschule zu Darmstadt. Mit 209 Abb. [IV u. 129 S.] 1923. (Bd. 19.)

Hochbau in Stein. Von Geh. Baurat H. Walbe, Prof. an der Tech. Hochsch. zu Darmstadt. Mit 302 Fig. i. Text. [VI u. 110 S.] 1920. Kart. M. 1.50. (Bd. 10.)

Veranschlagen, Bauleitung, Baupolizei, Heimatschutzgesetze. Von Stadtbaurat Fr. Schultz, Bielefeld. Mit 3 Taf. [IV u. 150 S.] 1921. Kart. M. 2.10. (Bd. 12.)

Leitfaden der Baustoffkunde. Von Geh. Hofrat Dr. M. Foerster, Professor an der Technischen Hochschule Dresden. Mit 57 Abb. im Text. [V u. 220 S.] 1922. Kart. M. 2.90. (Bd. 15.)

Mechanische Technologie. Von Dr. R. Escher, weil. Professor a. d. Eidgenössischen Technischen Hochschule zu Zürich. 2. Aufl. Mit 418 Abb. [VI u. 164 S.] 1921. Kart. M. 2.20. (Bd. 6.)

In Vorbereitung befinden sich:

Höhere Mathematik. 2 Bände. Von Dr. R. Rothe, Professor an der Technischen Hochschule Berlin.

Mechanik. 2 Bände. Von Dr.-Ing. A. Pröll, Prof. a. d. Techn. Hochschule in Hannover. Bd. I: Dynamik. Bd. II: Technische Statik

Thermodynamik. 2 Bände. Von Geh. Hofrat Dr. R. Mollier, Professor an der Technischen Hochschule Dresden.

Grundlagen der Elektrotechnik. 2 Bände. Von Dr. E. Orlich, Professor an der Technischen Hochschule Berlin.

Elektrische Maschinen. 4 Bände. Von Dr.-Ing. M. Kloß, Prof. an der Techn. Hochschule Berlin.
I: Transformatoren und asynchrone Motoren.
II: Drehstrom-Maschinen (Synchronmaschinen).
III: Gleichstrommaschinen.
IV: Wechselstrom-Kommotaturmaschinen.

Hochbau in Holz. Von Geh. Baurat H. Walbe, Professor an der Technischen Hochschule Darmstadt.

Grundbau. Von Geh. Admiralitätsrat Dr.-Ing. L. Brennecke und Reg.- und Baurat Dr.-Ing. Lohmeyer.

VERLAG VON B. G. TEUBNER IN LEIPZIG UND BERLIN

GPSR Compliance

The European Union's (EU) General Product Safety Regulation (GPSR) is a set of rules that requires consumer products to be safe and our obligations to ensure this.

If you have any concerns about our products, you can contact us on ProductSafety@springernature.com

In case Publisher is established outside the EU, the EU authorized representative is:

Springer Nature Customer Service Center GmbH
Europaplatz 3
69115 Heidelberg, Germany

Batch number: 10577915

Printed by Printforce, the Netherlands